U0315251

[意]朱塞佩·狄安娜 著　[匈]安娜·朗 绘　雷倩萍 译

中国友谊出版公司

目 录

前言

你好，我是安。

现在你所读的并不是一本普通杂志。这也不是那些充满了一页页无聊信息的枯燥手册。实际上你手里拿着的是一本神兽饲养员全面训练日记。还不错，对吗？

什么？当然有神兽这种东西了！相信我。我就是它们的饲养员之一，而且我每天都要照顾它们。

独角兽、凤凰、巴库、双头蛇……每个人心目中都有一只神兽。

不！不！不！你在城市和乡村都看不到它们。现在它们只能在秘密保护区里自由漫步，以远离猎手、偷猎者和窥探者，而且那样它们会更快乐。

这就是我们饲养员的使命了。我们的工作就是确保这些神兽自由漫步、和平相处，无忧无虑地生活。

说实话，“官方”神兽饲养员实际上是我的父亲，但仅仅是因为他比我年纪大。他很了解自己所做的事情并教会我所有的东西，我把这些都记在了这本日记里，这样我就不会忘记了。

父亲说如果我努力学习并通过终极测试，我也可以成为一名训练有素的神兽饲养员。话不多说，我已经等不及了。

或许你也想成为我们中的一员；毕竟，这里到处都是神兽。成为饲养员是一件很棒的事情！

实习饲养员的神兽

太酷了！如果你翻过这一页，就意味着你也想成为一名神兽饲养员。你可以跟我父亲学起，就像我一样。

第一课：这里有各种不同的神兽，它们既不友好，也不讨喜。实际上，它们根本不……

然而也不用担心。在我日记的第一部分，我仅仅把实习饲养员的神兽包括了进来，它们是比较容易接近的温顺种类。因此它们没有尖牙、毒刺或火舌。

但这并不意味着你粗心时它们就不会生气。所有神兽都和普通动物一样，会在某些方面比较危险。

因此，保持谨慎并相信你的直觉，好吗？

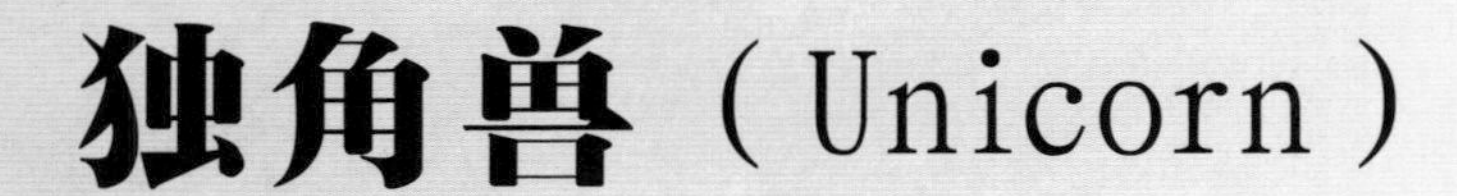

独角兽（Unicorn）

分类：马科

相信你肯定听说过这种生物。在英国，它叫unicorn，但其他国家给它取了别的名字，比如在法国，它叫licorne，在意大利，它叫liocorno。

不管你叫它什么，别期待着它会回应你或跑到你身边来。独角兽是非常胆小的生物，很容易受到惊吓。它们只会允许年轻的女孩或者对着它们微笑的孩子之类的人靠近它们（温和地说话是我十分擅长的）。

千万不要忘记它绝不可能让你骑在它的背上。这也是为何你永远不会听到一名勇敢的骑士或一位风度翩翩的王子骑在一只独角兽上的故事。

区分独角兽和普通的马很容易：只要看看它们的前额。如果前额中央伸出一根大角，那么你面对的就是一只独角兽。这个角也是独角兽疏远人类的原因所在。你不知道有多少巫师喜欢把这些角放入他们的魔法药水里。

螺旋形的角类似
开瓶器（只是更大
一些）。
它的表皮在黑暗中
白得发亮。
独角兽可能很像马，但
如果你仔细看，它的胡
子和蹄子像山羊。

最爱的消遣

漫步在森林中，寻找可供跳跃的障碍物。独角兽非常擅长跳跃，但要小心自己的角不要被树枝缠住了。

怎样吸引一只独角兽

独角兽喜欢音乐，但前提是声音不要太大，所以不要使用扩音器或麦克风。吹长笛或弹吉他是最好的选择。如果你不会演奏乐器的话，还可以吹口哨。

怎样与一只独角兽交朋友

• 给它一些方糖（它们和马儿一样喜欢方糖！）但不要给太多，太多的话可能会让独角兽生病……或者伤害它们的牙齿。

• 它们的鬃毛需要进行轻柔地梳理，如果可以的话，给它们编辫子。独角兽喜欢保持整洁。

• 千万不要骑上它们，开玩笑时也不要这么做（你会喜欢别人骑在你的肩膀上吗？！）

梦貘（Baku）

分类：夜行性混血兽

如果你频繁地做噩梦或常常感到不太幸运的话，梦貘将成为你的最佳神兽。

这头外形类似貘的巨兽拥有熊身虎爪，以噩梦和恶念为食。它将它们吸入鼻子，像糖果一样吞下，让你平静入睡或安心做事，无须害怕什么。那么问题就解决了（或基本上）！

当你从一个噩梦中醒来，非常害怕，你还觉得有人在你的卧室，别担心：这可能只是梦貘在吃点心。大声地说出“谢谢”，那么下一晚你将会做一个好梦。

它用于吸入噩梦
的鼻子有点像貘
的短鼻子。
梦貘通常看起来
昏昏欲睡，你可
能会觉得它整天
就知道睡觉！

最爱的消遣

躲在孩子们的床下或衣橱里保护他们不做噩梦（自己也可以美餐一顿）。

怎样吸引一只梦貘

• 整晚都站着可能非常辛苦，给它一个柔软的枕头可以用来躺着。

• 抓挠它鼻子的底部，就在两眼之间。这是它的肢体唯一无法够到的地方。

• 如果你白天在灌木丛中遇到一只熟睡的梦貘，别吵醒它！

卡班克尔
(Carbuncle)

分类：夜行性啮齿类生物

光彩夺目或许是用来形容这种神奇啮齿类生物最恰当的词汇了，正如其前额上镶嵌的宝石在黑暗中闪闪发光那样。不仅如此，它的外壳之下还发出明亮的淡蓝色光芒（或许下面还藏有其他珍贵的宝石，但是没有人见过）。

幸运的是，卡班克尔的外壳可以闭合成一个球，这样它看起来就像一块普通的石头，珠宝猎人经过也不会发现（完全无视卡班克尔的存在）。

你应该不会对卡班克尔很喜欢收藏宝石的传言感到惊讶。它们必然也十分擅长这个。毕竟，没有人可以在卡班克尔巢穴附近找到宝石。

卡班克尔前额的宝石可以让你更了解它。宝石发出的光越亮，表明它越开心。
即便是它的小爪子，也保持得很漂亮很锋利，闪闪发亮。

最爱的消遣

在森林里偷偷挖洞。

也不知道它们究竟是在寻找珍宝还是在隐藏自己！

怎样吸引一只卡班克尔

最适合形容卡班克尔的词便是虚荣了。爸爸说可以用镜子做诱饵：卡班克尔会从它躲藏的地方跳出来，在镜子面前自我欣赏。

当一只卡班克尔感到危险，已经不能用外壳保护自己时，它还有一件秘密武器：前额上的宝石发出的明亮光芒可以弄瞎靠近它的人，让它跑到安全的地方去。

怎样与卡班克尔交朋友

• 给它提供一块可以擦亮石头的软布（记得轻柔些，如果你不想弄伤它）。

• 当靠近它的巢穴时，留下一些闪闪发光的东西。可以是一块石头、一片玻璃或其他东西。只要是闪闪发光的都可以，我一般都用弹珠。

• 不要在它缩成一个球时敲击它的外壳。它可能很疲惫或被吓坏了，不想被打扰。

阿里坎特
（Alicanto）

分类：金属食鸟

阿里坎特是一种鸟，但它不会飞。我知道这对鸟儿来说并不好，但鸵鸟也有相同的困扰。实际上，阿里坎特的翅膀很大，而且非常喜欢吃金、银和其他贵金属，并把所有这些都储存在胃中，难怪它们这么重，无法飞离地面了！

阿里坎特的羽毛闪闪发光，是金色还是银色取决于它们所吃下的金属种类。

如果你想看到它，必须加入矿工和寻宝者的队伍之中，当他们最终找到一颗红宝石时便确信他们会找到丰富的新矿藏。在你花费时间追踪它之前，要仔细想想：如果一只阿里坎特发现自己被跟踪了，它就会将你带到一个死胡同里。更恶劣的是，它会把你卡在岩石缝中。

阿里坎特或许不能飞，但它可以依靠长而有力的后肢，像风一样奔跑。

小心阿里坎特的喙。为了吃下金属时不伤到自己，它的喙也必须同样坚硬。

半鸡马（Hippalectryon）

分类：马科

如果你把马的前半部分和鸡（包括翅膀）的后半部分拼在一起，那么你最终得到的就是一只半鸡马。

遇到它可能会引起极大的恐惧，但与独角兽不同，半鸡马在一种情况下会让人骑在身上：如果骑手足够有勇气的话。

据说半鸡马的叫声可以赶走恶魔，就像公鸡的叫声可以驱逐黑暗一样。

与这种滑稽的马有关的神话很少（这可能是你从未听说过它的原因），但它会在一些古代花瓶和瓷盘上作为一种装饰（不是你祖母瓷器柜里的那些，比那些更加古老）。

在古代，它们会被画在船帆上，用来保护水手们的安全并打败敌人的战舰。

半鸡马华丽的尾巴就像一个强大的船舵，使它可以左右转向。

注意它的后腿：半鸡马会像马一样乱踢，爪子则像公鸡的一样锋利。

雷鸟
(Thunderbird)

分类：夜行性飞行生物

如果我告诉你，恐怖的雷暴是由一只巨大的猛禽造成的，你会相信吗？你应该相信，因为这就是事实。

雷鸟扇动它们巨大的翅膀，以便将天空中所有的云相互叠加，形成一团巨大的积雨云，天空也变得越来越暗。就连雷雨中吓人的轰隆声也是由它们的翅膀无休止地击打产生的。

还有呢？哦，对了，闪电的光芒是中途从它嘴里掉下来的发光的蛇（没有人知道它们是怎么捕捉到的）。

试想一下，知道有一只大鸟藏在某处，我不确定你现在会不会害怕。

张开你的手臂，伸开你的手指。你左右手手指之间的距离就是雷鸟羽毛的长度。

雷鸟弯曲的角非常适合一头扎进积雨云中。
雷鸟不但拥有剃刀般锋利的爪子和喙，而且还有危险的尖牙。

最爱的消遣

有意制造风暴，尤其是周末，当人们准备去海滩或露营时。

怎样吸引一只雷鸟

爸爸说大鸟需要大巢穴。找一些长树枝或很宽的叶片，当乌云密布时，把它们放在显眼的地方。接下来肯定会有一只雷鸟飞下来感谢你，拿走这件礼物。

怎样与雷鸟做朋友

• 所有的鸟都喜欢用喙砸开坚果，但你必须找到一种适合这种大鸟的独特坚果。一个椰子怎么样?

• 在风暴中心通常很冷，给它一条柔软舒适的围巾。

• 永远不要在雷鸟旁边打开雨伞。这就好比你对它说不喜欢它制造的风暴……这是一件不可原谅的侮辱行为。

许多人都说见到过雷鸟，但没人能证明，更别说抓到一只了。显然，雷鸟不擅隐藏，当它们被发现时，它们会在一瞬间逃走。

专家级饲养员的神兽

嗨！

你已经读过我日记前半部分的全部内容了吧？真的吗？你确定没有漏掉几页？

我之所以这么问是因为在你继续读下去之前，必须确保自己是一名合格的实习饲养员，能够在一瞬间就抓住一只阿里坎特或梦貘。

你确实做到这些了吗？

太好了！你现在可以继续阅读我日记的后半部分了。

是时候来讨论专家级饲养员的神兽了。

是的，这意味着你将面对十分危险的神兽。这里的“危险”意思是它们对于不喜欢的人会进行叮、咬、碾轧或毒刺。（有时一开始并不明显，但很快你就会发现。）

在任何情况下，都不用害怕。要成为专家级饲养员的前提便是：学会避免成为奇美拉（很快你就知道它是什么了）的下一顿美餐！

凤凰（Phoenix）

分类：古老的飞行生物

凤凰是你能够遇到的最引人瞩目的神兽。但要小心：它们也是最为危险的神兽之一。

实际上，你不需要害怕它的喙或金爪。在任何时候，甚至是当你抚摸它的时候，它都可能给你点燃一圈高耸的金色火焰，这是你从未见过的。

不必担心：这一古老的生物总是从灰烬中重生，变得比以前更强更美丽。这也是当它感到受威胁、生气或恼怒时（或者只是觉得无聊），会毫不犹豫地自焚的原因。

目睹一只凤凰在烈火中重生，有点像看星空中绽放的烟花表演：太壮观了！

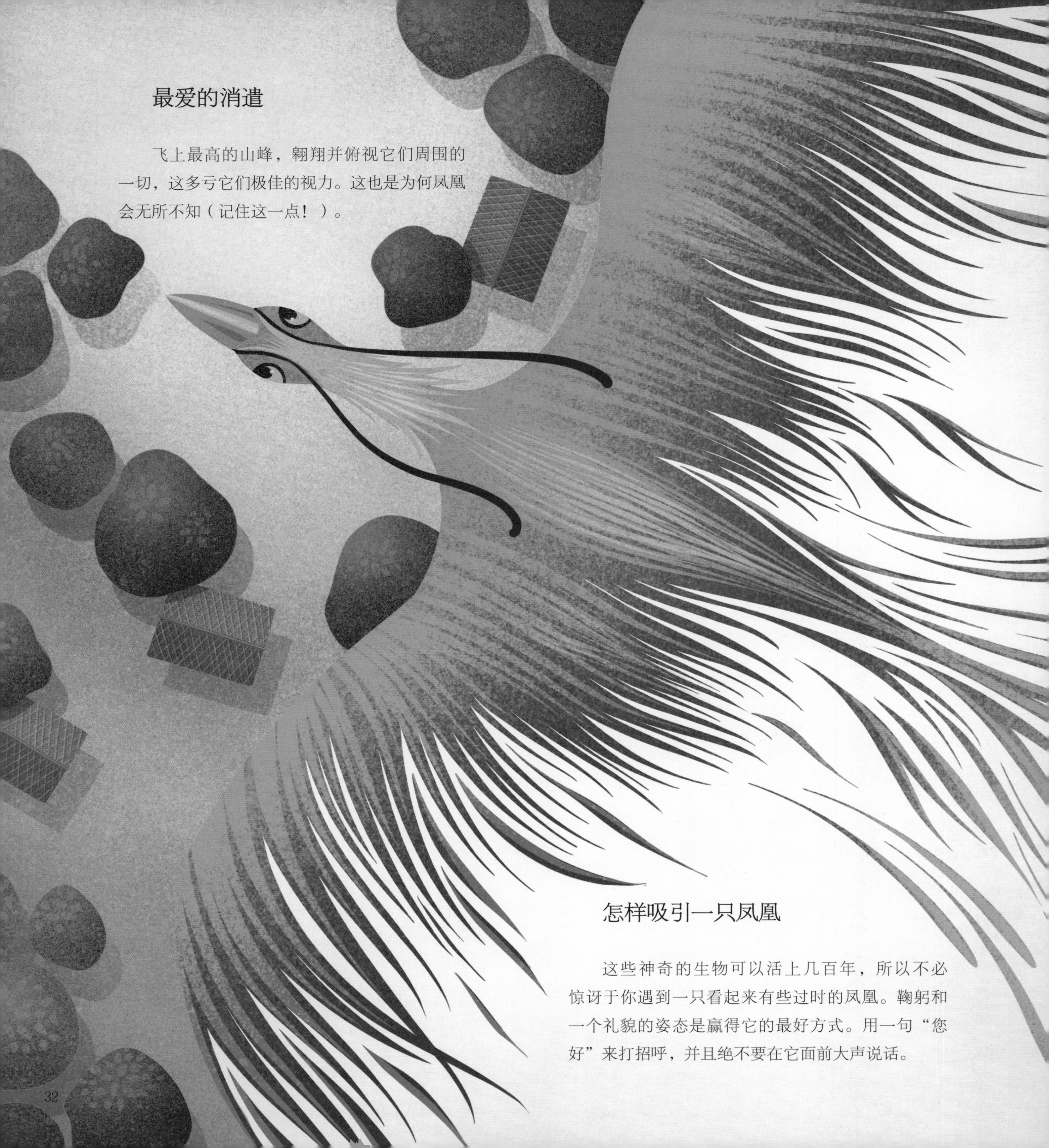

最爱的消遣

飞上最高的山峰，翱翔并俯视它们周围的一切，这多亏它们极佳的视力。这也是为何凤凰会无所不知（记住这一点！）。

怎样吸引一只凤凰

这些神奇的生物可以活上几百年，所以不必惊讶于你遇到一只看起来有些过时的凤凰。鞠躬和一个礼貌的姿态是赢得它的最好方式。用一句“您好”来打招呼，并且绝不要在它面前大声说话。

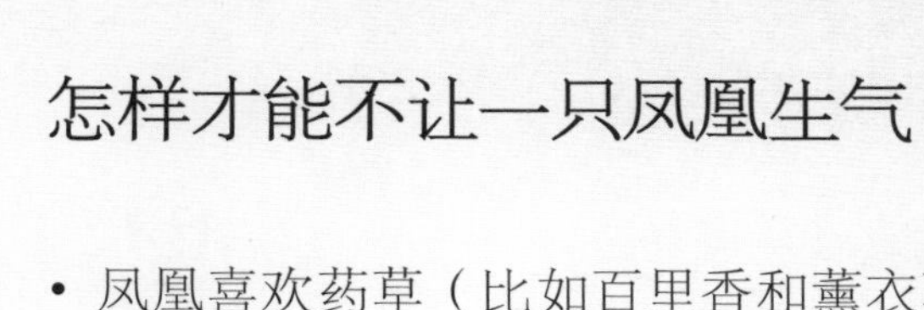

怎样才能不让一只凤凰生气

• 凤凰喜欢药草（比如百里香和薰衣草）。试着找一些，放进它的巢穴里。

• 如果一只凤凰靠近你，张开你的手臂让它停息（小心，它挺重的！）。

• 不要用凤凰的火焰来做烤棉花糖或爆米花（除非你非常擅长避开锋利的啄咬）！

当一只凤凰决定重生时，它通常会在一个舒适的巢穴中，这是由树枝和药草编织而成的蛋状巢穴。当它从火焰中升起，就像篝火一样（对凤凰来说，就像大夏天洗了个冷水澡）。

地狱犬（Cerberus）

分类：看门犬

如果你不喜欢狗，那么这种神兽可能会给你制造一些问题，因为地狱犬就像三只獒犬共用一个身体。真的，这并不是一个笑话：一只地狱犬有一条尾巴，四条腿和三个脑袋——每一个都比下一个更凶猛。

显然，地狱犬会成为最优秀的看门犬。三个脑袋意味着有三对眼睛凝视着不同的方向，三对耳朵可以听到所有的声音，三个鼻子可以嗅到空气中的一切味道。

可惜的是，地狱犬在捡回我扔出的树枝方面不太在行，因为三个脑袋无法在谁可以叼回木棍上达成共识……

地狱犬的口水没有毒，被咬了不会感到刺痛，但它非常黏！

地狱犬的皮毛像夜晚一样漆黑，很适合隐藏在阴影中。

最爱的消遣

挑选一个监视点（最理想的是走廊或洞穴入口），不让任何路过的人通过……好吧，直到它说就这样吧。

怎样吸引一只地狱犬

地狱犬的弱点就是它的胃（有三张嘴意味着有三种进食方式！）。它从不拒绝食物，当它吞下一只美味的羊腿或一串香肠后，你会发现它变得温和许多。

怎样不让地狱犬生气

• 它的一只耳朵喜欢被偶尔从后面抓挠，但问题是它有六只耳朵，要弄清楚是哪只不太容易……

• 在靠近它之前，确保你不是汗流满面或喷了太多香水（它的三只鼻子都很讨厌强烈的气味！）。

• 爸爸经常说："让瞌睡狗躺下来吧。"我喜欢加一句："尤其是如果它们有三个脑袋和坏脾气。"

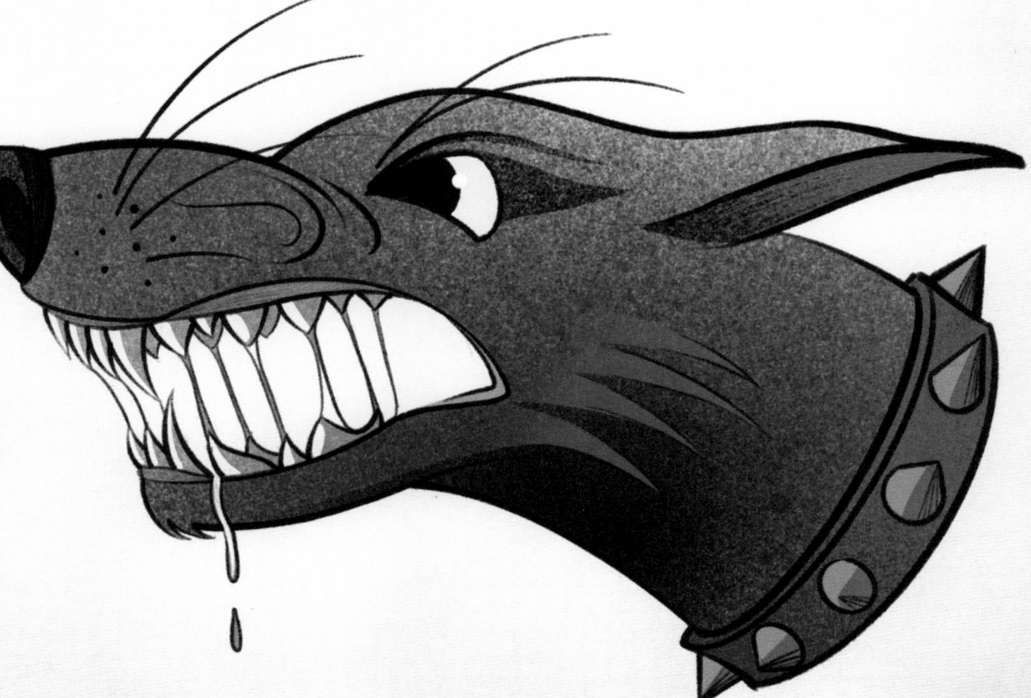

地狱犬的吠叫低沉洪亮，可以吓跑每一个人（相信我，比隆隆的雷声更可怕！）。

九头蛇（Hydra）

分类：有毒的爬行生物

要小心：这只神兽可不怎么好。

除了像一条有腿的巨蛇以外，它还可以通过撕咬、呼吸，甚至在地上留下的痕迹来毒杀你（是的，小心你的脚下）！

如果这还不够糟糕的话，它还有九个头，每一个都含有剧毒，而且随时准备在你靠近时咬你。

古老的希腊传奇英雄赫拉克勒斯觉得，对付这种怪兽最好的办法就是“令它放松警惕”，他做到了，而且一次性砍掉了它的九个头。之后，他发现九头蛇的头可以重新长出来，就像蜥蜴的尾巴一样，可以重生（尽管蜥蜴不会试图吃掉你）！

我差点忘了：别让它的尾巴缠着你！它可能会把你压垮。

九头蛇具有竖直的瞳孔，这意味着它们在夜晚可以看得更清楚（因此我建议你在白天接近它！）。

九头蛇可以通过舌头捕捉气味，就和蛇一样。如果它快速移动，则表明它嗅到了某些东西（那个东西可能就是你！）。

试图威胁或诱惑九头蛇都是没用的；它不会听到你说的任何话，不过它能感受到地面的振动（因此别想着从后面悄悄接近它，它会感觉到你来了！）。

最爱的消遣

躲藏在湖底，保持冷静，直到下一个战斗英雄的到来。

怎样接近一只九头蛇

要对付一只九头蛇，你可以快速地绕着它跑几圈，先朝一个方向，然后朝另一个方向！如果你能将它好几个头混在一起，它们就会乱作一团。我已经这样做过很多次了！

怎样不让九头蛇生气

• 不要做突然的动作！九头蛇可以看到一切移动的东西，它们不喜欢快速移动的东西。

• 如果我是你，我不会在靠近一只九头蛇时带着一个鳄鱼皮包或穿着蛇皮靴子！（因为它们可能是表亲）。

• 小心你的脚。踩到九头蛇的尾巴是同时激怒它所有脑袋的最佳方式。

如果你看到一只九头蛇安静地坐着，一动不动……好吧，让我告诉你，这可能不是一只九头蛇。或者至少不是完整的。几乎可以肯定这只是九头蛇蜕皮后留下的皮肤。是的，九头蛇会随着长大而蜕皮，就像你会换衣服一样，只是九头蛇不会在意把蜕下的皮丢在哪里。

九尾狐（Kitsune）

分类：古老的犬科

很多人喜欢说“像狐狸一样狡猾”，但我爸爸总是告诉我应该“像九尾狐一样狡猾”。

正是因为九尾狐极为狡诈，才成为一种危险的神兽。

其实它不是真的很邪恶，只是比较调皮，爱搞恶作剧，非常古怪。它还非常擅长骗人，所以最好不要惹它生气。

一开始，你可能会觉得九尾狐看起来就像一只普通的狐狸，但当你再看时，你就会发现它有很多条……尾巴！九尾狐年纪越大，尾巴的数量越多，最多可达九条。

此外，拥有九条尾巴的九尾狐威力惊人。当它把所有尾巴放在一起摩擦时，就会产生火焰（再说一遍，最好不要激怒它，你已经被警告了！）。

当九尾狐获得第九条尾巴时，毛色就会变成白色或金色。

九尾狐的目光极为锐利，有人说它能看到发生在其他地方的事情（甚至是在其他时间！）。
九尾狐的耳朵总是竖着的，它有极佳的听力。

最爱的消遣

捉弄树林里遇到的人类和其他生物。它们可能会给你乱指路，甚至伪造线索让你偏离正确路线。它们认为这样很有趣。

怎样接近九尾狐

九尾狐的智商很高，喜欢诡计带来的挑战。如果你不想被它们欺骗，那么就让它们忙于解决无法解决的谜题。或许，可以问问它们一只乌鸦和一个写字台有什么相同之处（就是那道《爱丽丝漫游奇境记》中的谜题。）……

怎样不让九尾狐生气

• 如果你不知道这只九尾狐有大多年纪，不管你做什么，都不要把它当成一只幼兽。不要叫它们“小东西”“宝贝”之类的。它可能已经几百岁了，如果感到被轻视，你就会有麻烦了。

• 别让它看到你生气了。如果你被它耍了，一笑而过比生气好多了。

• 永远不要捉弄九尾狐！它们很敏感，而且报复心强，所以你绝对不要这么做。

有些九尾狐会通过变成一位少女或老人，耍弄（对它们来说）更有趣的把戏。

但是它们无法隐藏自己的尾巴，因此如果你怀疑面前的是一个变成人的九尾狐，只要看看它的衣服后面有没有毛绒绒的尾巴就可以了。

狮鹫（Griffin）

分类：会飞行的混血兽

狮鹫是另一种由两种不同动物组合而成的混血兽（还记得半鸡马吧？）。它具有鹰的头、前肢和翅膀，又具有狮子的后肢和尾巴。

你知道那意味着什么吗？这头神兽像鹰一样聪敏，又像狮子一样强壮。它在高空和崎岖地形上很敏捷，能轻松飞过岩石和树木。这也是为何打倒一只狮鹫并不太明智：你躲无可躲（即便躲在你的床下也不行！）。

好消息是狮鹫在不受威胁时完全没有攻击性。但不要认为很容易骑上它；狮鹫是喜欢自由漫步的野生神兽（只有在它们允许的情况下才能骑上去——一个优秀的饲养员很清楚这一点！）。

有人说狮鹫尾巴上有一条毒蛇，不过这并非事实！那样的话就变成奇美拉了（待会儿我们会说）！

狮鹫的头上长有两簇长而美丽的耳羽。

水猴（Ahuizotl）

分类：半水生混血兽

如果你需要有人把你从水里拉出来，千万别问水猴！尽管它长有五只手（包括尾巴末端的一只！），但显然它会用这些手把你拖入水底。

我并不认为它是因为凶恶才这么做的。也许它只是想邀请你去做客，它的家一般在河底或湖底的水洞中，但却忘了不是所有人都可以憋这么久的气。因此要注意，当你撞到一只水猴时需要格外小心，尤其是周围全是水的时候。

要想从水猴的控制之中挣脱出来（或者抓住它）几乎是不可能完成的任务：它有鳗鱼般光滑的身体，这意味着它是一名滑行大师。

永远不要小看水猴长尾巴末端的手，那是它用来抓猎物的。

水猴的牙齿也许很小，
但却非常锋利！
水猴的手跟我们的不一样。
它们看起来更像浣熊的爪
子。小心，一旦抓到你，
就别想逃了！

佩鲁达（Peluda）

分类：毒兽

佩鲁达是我不想碰到的神兽之一。这可不是闹着玩的。

不要被它厚厚的皮毛骗了，它看起来可能像一个毛绒玩具，但实际上它藏了许多致命的毒毛（绝不能轻抚佩鲁达，就算用一根手指也不行！）。

它的皮肤像石头一样坚硬，坚硬得足以抵抗百剑出击。它的尾巴底部有一个弱点，这也是神兽猎人关注的！然而，佩鲁达很清楚如何保护自己，它通常会喷出火焰。如果天气太热，它则喜欢潜入河中并膨胀成一个毛绒绒的巨球，引发河水泛滥。想象一下！

佩鲁达可怕的毒刺可长达手杖的长度。

佩鲁达得名于其毛绒绒的皮毛。法语中它被称为velue，意大利语中称为pelosa，两个词都是毛绒绒的意思。

佩鲁边粗笨有力的双脚
就像海龟的一样。

奇美拉（Chimera）

分类：混血毒兽

你可能会在一本书里看到“奇美拉”这个词，它被描述为一个不可思议的梦。你知道为什么吗？奇美拉长得太奇怪了，几乎不可思议，它看起来更像噩梦而非一般的梦。它长有两个可怕的头：一个是长着锋利的獠牙的狮子，另一个是长着两只尖角的山羊。

然而，它的尾巴上还有一条毒蛇！

我有没有告诉你那个狮头还会喷火？好吧，记住这一点，因为它总会出其不意地用它火一般的呼吸击中目标。哦，你也应该留意山羊头呼出的气可以把草烘干。

就像我所说的，这是一场真正的噩梦！

奇美拉和普通狮子
一样，只有雄性才
具有鬃毛。

双头蛇（Amphisbaena）

分类：有毒爬行生物

爸爸经常说：“两个头比一个好。”但是，我不会对双头蛇下此定义。我不知道你怎么想，但当我听到关于毒蛇的谈话时，我很高兴它们只有一个头。

一些饲养员很确信双头蛇只有一个有毒的头。然而这没什么用，因为两个头长得一样，难以区分。为了安全起见，我只想确保不会被任何一个头咬到。我建议你也这样做！

记住，这种神兽飞奔起来就像闪电一样快，向前、向后、向左、向右。对双头蛇来说，哪个头在前似乎并不重要。

当一个头睡觉时，另一个则保持清醒，搜寻着敌人或不受欢迎的人。因此不要认为你可以给它惊喜。

与其他毒蛇不同，双头
蛇是一种温血的生物，
所以你可能会看到它从
很冷的地方跳出来。

饲养员的小手册

你以为这就结束了吗？

恐怕你还没有完成全部任务。

或许你现在已经认识了每一种神兽（包括我爸爸向我介绍的那些），但这并不意味着你已经成为一名训练有素的饲养员了。

你知道一名优秀神兽饲养员的五条黄金准则是什么吗？你能通过每种神兽的足迹辨别它们吗？你知道哪一种喜欢在夜深人静的时候闲逛吗？

我已经全部学会了，读完我日记的第三部分之后，你也可以。在那之后，你的学徒期也就完结了！

优秀神兽饲养员的

五条黄金准则

神兽并非玩具

尽管你是它们的饲养员，也对它们很好，但并不是你想让它们做什么它们就做什么。与其他生物一样，神兽们也有自己的想法，它们可能并不总是喜欢玩（因此不要强迫它们，好吗？）。

让它们吃自己喜欢的东西

神兽怎么会跟你喜欢同样的食物呢？是的，吃一样的肯定会很方便，但事实并非如此（薯片并不适合作为九尾狐的点心，相信我！）。

当然，反过来也一样：对阿里坎特来说，一枚金块是一顿美餐，但是会给你带来无尽的麻烦，所以不要去吃你给神兽吃的东西。如果你还不确定，那么在你喂食它们前，多问问大人。

绝不要在神兽进食时打断它

没有人喜欢在吃饭时被打扰，不管是九头蛇、卡班克尔还是我的叔叔，他可不喜欢在满嘴都是食物时被人打扰。

绝不要试图从神兽面前拿走食物，除非你想要被它咬。

神兽需要保持整洁

我知道，我也不喜欢捡狮鹫的粪便！而且试图给地狱犬洗澡的时候，你会在乐趣和游戏方面获得意想不到的“惊喜”（注意：我通常会用几片火腿分散它的注意力）。无论如何，不要找借口。如果你想成为饲养员，就必须照顾好你的神兽并清洁好它们的巢穴。

时刻保持警惕

我知道我已经说过这点了，但我想还需要再次重复。所有的神兽都具有某种危险性，即使那些看起来无害的！

比如独角兽，不可否认它看起来很甜美，但它的蹄子像石头一样坚硬。假如一只独角兽踩了你的脚，你就得跛脚行走很长时间了。我就遇到过一次。

所以，睁大你的眼睛，做好准备。

发现神兽之旅：

你能识别出它们的踪迹吗？

“有时，你一直寻找的答案就在你的眼前。”

爸爸总是跟我说这句话，当他跟我谈起神兽的足迹时，我不得不承认他是对的。

如果你想掌握一种生物的某些特征，那么最有效的就是学会识别它留在地上的足迹了。这听起来奇怪吗？不，一点儿都不奇怪。你都不知道你能学到多少东西（至少三点，全都很重要）！

例如：

一、你可以通过足迹识别出神兽，因为每一种神兽都有独特的脚，可以踩出独有的足迹。因此，在做其他事情之前，先来学习一下每种神兽的足迹的特征。之后，你就可以很轻松地识别它们的足迹。比如说，独角兽会留下类似马的蹄印，对吗？不对，如果你回头看我前面写的内容，你就会发现独角兽的蹄子更像羊的，因此它们会留下类似羊的足迹（只是更大一些！）。

二、你可以根据地上留下的足迹判断出这只神兽有多重（以及有多大！）。

足迹越深，神兽就越重。

你可能会发现九尾狐和地狱犬有相似的脚，但地狱犬的足迹更大更深。它那三个头会给它增添很多重量。

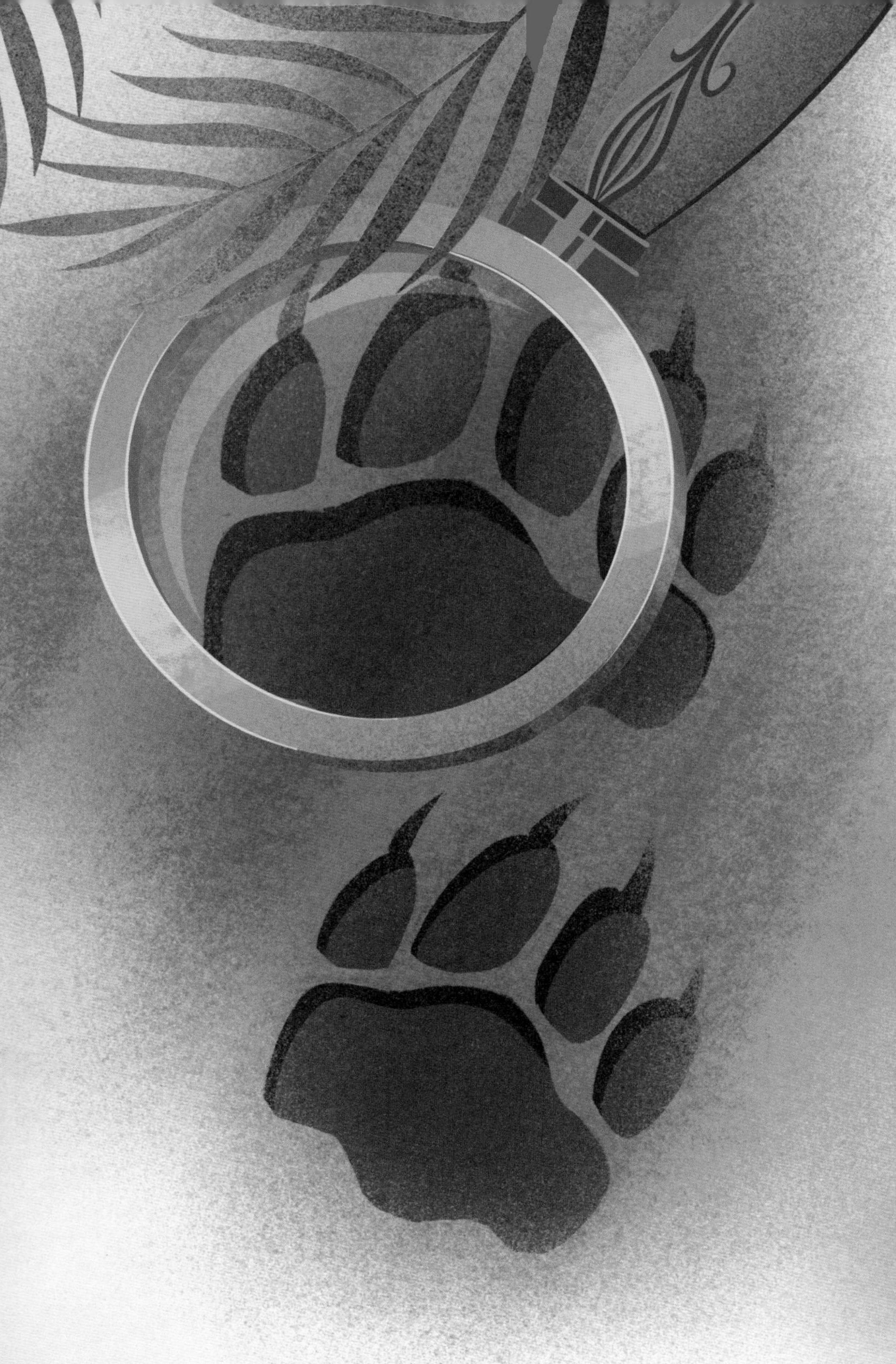

训练之初，我发现了一个非常有用的小窍门，那就是把碰到的所有足迹都做一个翻模。这样，你可以一直拥有它，随时拿来观察和学习。

怎么做翻模呢？很简单。准备一些粉末，用水混合，倒入足迹中，等它变硬。真是小菜一碟！

三、还有一些信息你可以通过它们的足迹获得，比如它们是在奔跑还是缓慢地散步。如果地面上的足迹很干净，轮廓清晰，那么它应该是在行走。如果足迹不太深，还有点混乱，那么它可能是在奋力奔跑。至于为什么，我也不知道。

谁怕黑？

你可能在夜晚遇见的神兽

让我们再明确一件事，不要在晚上独自外出，也不要在满是神兽的区域里乱跑。我不是开玩笑。这是极度危险的（当天黑之后，我只会跟着我爸爸出去）。最后搞清楚哪些神兽可能会在夜晚保持清醒和生龙活虎的状态。

毫无疑问：当月亮出来，夜幕降临，你会很容易碰到一只搜寻噩梦的梦貘。它虽然并不危险，但如果你碰到一只，最好保持安静。当梦貘外出捕捉噩梦时，总会在其他熟睡的生物身边逗留，如果不小心吵醒它们，你将会非常危险！

地狱犬通常喜欢在晚上出去觅食。它黑色的皮毛有很好的隐蔽效果（它可以隐藏自己），地狱犬是如此之黑，看起来就像一个阴影。所以如果你在半夜看到一个古怪的阴影，就像一只流着口水的獒犬（或者三只獒犬），那么你就要小心了。

如果你碰巧在黑暗中看到闪着银色或金色光芒的东西，那么附近很可能有一只阿里坎特。由于所有寻宝者都在不断寻找它们的踪迹，这种奇特的鸟喜欢在晚上四处走动也就不奇怪了。也许它并不希望被人看见，尽管其华丽的羽毛很难被隐藏起来。

最后是双头蛇：我们不太喜欢碰到它，幸运的是，它很容易避开。

也许你注意到前面我说的双头蛇的眼睛就像火炬般闪耀。这也是为何发现它很容易，尤其是在晚上。如果你碰到它，别浪费时间，立刻逃跑！

你现在已经没有借口了。
小小饲养员，前方有难……

成为神兽饲养员的

终极测试

在这里，我们进行终极测试，想要成为一名训练有素的饲养员，必须通过这一关。不用担心：如果你仔细读了我的笔记，就能顺利通过。

这里有十个问题。每题一分。准备好了吗？那就开始吧！

你称呼一只有翅膀的独角兽为？

A) 羽毛兽
B) 天角兽
C) 飞兽

下面哪个词最适合描述卡班克尔？

A) 闪亮的
B) 脾气古怪的
C) 挑剔的

为什么阿里坎特不会飞？

A) 翅膀太小
B) 头太大
C) 太重了

哪种鸟形神兽可以制造风暴？

A) 雷鸟
B) 闪电鸟
C) 风暴鸟

地狱犬是一种极佳的……？

A) 看门犬
B) 寻回犬
C) 寻菇犬

九尾狐最多可以获得几条尾巴？

A) 7
B) 9
C) 5

佩鲁达的名字源于？

A) 多毛的
B) 有毒的
C) 粗鲁的

哪种神兽尾巴上有毒蛇？

A) 狮鹫
B) 梦貘
C) 奇美拉

水猴在哪里生活？

A) 最高的树杈上
B) 地下管道中
C) 水下的洞穴中

下面哪种神兽不会喷火？

A) 凤凰
B) 佩鲁达
C) 奇美拉

不到五分

不要气馁，你只需要再次重读这本日记。
但不要太着急，又没有地狱犬在追你！
回顾你没能记住的神兽，再次开始测试：测试资格会一直为你保留。
同时，你仍然是一名临时的饲养员。
相信我。

六分或六分以上

恭喜你！你和九尾狐一样机智！
独角兽和凤凰在你面前都没有秘密。
你现在已经是一名优秀的神兽饲养员了！

答案：
1-B，2-A，3-C，4-A，5-A，6-B，7-A，8-C，9-C，10-A

朱塞佩 · 狄安娜（Giuseppe D'Anna）

朱塞佩·狄安娜在阳光明媚的西西里岛出生长大，之后成为托斯卡纳山区的一名绘图师和艺术家。他目前随遇而安，以给孩子和年轻人写书为乐趣。

安娜 · 朗（Anna Láng）

安娜·朗是一名来自匈牙利的平面设计师和插画家，目前在撒丁岛生活工作。她先在布达佩斯的匈牙利大学学习美术，2011 年毕业，成为一名平面设计师。毕业后，她在广告公司工作了三年，同时兼职于布达佩斯国家大剧院。2013 年她的“莎士比亚海报”系列获得了匈牙利平面设计艺术展的贝凯什乔巴城市奖。目前，她正在热情地为童书画插画。

图书在版编目（C I P）数据

大大的神兽 /（意）朱塞佩·狄安娜著 ；（匈）安娜·朗绘 ；雷倩萍译. -- 北京 ：中国友谊出版公司，2023.1

（大大的神奇生物）

ISBN 978-7-5057-5533-8

Ⅰ. ①大… Ⅱ. ①朱… ②安… ③雷… Ⅲ. ①生物学－少儿读物 Ⅳ. ①Q-49

中国版本图书馆CIP数据核字(2022)第120382号

著作权合同登记号 图字：01-2022-6102

书名 大大的神兽
作者 [意]朱塞佩·狄安娜
绘者 [匈]安娜·朗
译者 雷倩萍
出版 中国友谊出版公司
发行 中国友谊出版公司
经销 新华书店
印刷 北京尚唐印刷包装有限公司
规格 950×1140毫米 12开
6印张 110千字
版次 2023年1月第1版
印次 2023年1月第1次印刷
书号 ISBN 978-7-5057-5533-8
定价 228.00元（全四册）
地址 北京市朝阳区西坝河南里17号楼
邮编 100028
电话 （010）64678009

创美工厂®

出 品 人：许　永
出版统筹：海　云
责任编辑：许宗华
特邀编辑：李嘉木
装帧设计：李嘉木
印制总监：蒋　波
发行总监：田峰峥

发　　行：北京创美汇品图书有限公司
发行热线：010-59799930
投稿信箱：cmsdbj@163.com

官方微博

微信公众号

亚特兰蒂斯神秘生物

大大的神奇生物

THE GREAT BOOK OF THE FANTASTIC CREATURES OF ATLANTIS

[意]朱塞佩·狄安娜 著　[匈]安娜·朗 绘　雷倩萍 译

中国友谊出版公司

目录

前言

你好！我叫凯伦。

你准备好潜入海底了吗？

你需要先准备好蛙鞋、哨嘴和潜水面具，因为我们将要下潜进入深海！

我们并不是去寻宝（这不意味着我们没机会找到宝贝）；实际上我们即将踏上一场有关生活在海洋中的神奇生物的发现之旅。

你可能还不太了解它们，但海水之下确实躲藏着数百种古怪神奇的生物。我说的并不是鳀鱼、章鱼和金枪鱼，当然它们确实也很特别。我更多想到的是神奇的美人鱼、硕大的查拉坦、长相奇异的乌密保祖……

跟着我你将学会如何识别（并寻找）它们。要小心才行哦，否则它们很可能会发现你！

相信我，虽然我看起来只是一个普通女孩，但实际上我是一名专家，或者更准确地说，是一名合格的海怪守护者！

我是如何成为一名海怪守护者的呢？很简单：我不远万里探索了世界上所有的海洋，并对我遇到的每种生物进行研究。

一切纯属偶然，一只海马兽（你继续往下读就知道这是什么生物了）从一场风暴中救下我，并把我带上海岸。那一天真是太不可思议了！

从那以后，我决定出海造访地球上更多的海洋：我想找到那只海马兽并亲自感谢它。出乎我意料的是，一路上我遇到了许多神奇的生物，一只比一只离奇。

我把我了解的一切记录下来，全都收录在这本笔记里。但请小心，这是一本信息宝库，涉及海洋中一些最深的秘密。请理智地使用它！

最后，你将接受官方测试。为什么呢？为了成为一名合格的海怪守护者！一旦你读完我的笔记，就可以试一试了。别担心，我稍后会一步步加以解释。

所以你怎么想？你决定跟着我一起潜水吗？

先做个深呼吸，捏住鼻子……

入水！

浅海生物

我承认一开始在笔记上谈论的是深海生物（我保证我们一定会抵达那里的！），但我觉得一开始还是先探索海面之下的浅海生物比较好。

首先，它们是最容易碰到的……只要你知道到哪里去找它们！

不过不要被愚弄了。它们偶尔会靠近海岸，甚至可能靠近你我这样的人类，但这并不意味着它们没有危险。

比如惹怒一条美人鱼，弄乱它的头发，或太过靠近一只摩羯兽和它石头般坚硬的角，那么你将会对这一经历毕生难忘。

我不是开玩笑。因此请小心谨慎，好吗？

但也不必害怕：如果你遵循我的建议（不要弄乱美人鱼的头发），你就会很安全。

美人鱼（Mermaid）

分类：人-鱼混血

所有的水手都声称曾经至少一次在海洋中看到过一个拥有美丽长发的女人，嗓音甜美轻快，还有一条覆盖着闪闪发光鳞片的尾巴。美人鱼是半女性半鱼类的生物，毫无疑问是海怪中最为著名的一类。

有时你会看到一条坐在岸边岩石上的美人鱼，它可能正对着镜子自我欣赏（它的镜子是从哪里来的？请保持耐心：它所有的小饰品的秘密很快就会为你揭晓），或者它会出现在海洋中的航船上，对着船员们微笑。美人鱼其实一点也不害羞，但要小心：它漂亮脸蛋背后隐藏着可怕的一面，如果它们觉得自己被欺负了（并不需要太多，因为它们十分敏感），它们就会立即采取报复行为，引诱船只直接撞向山脊而沉没。

这也是为何古代船只会有一个美人鱼形状的船头雕饰（装饰了蝴蝶结的木质饰品）：船员们认为这样一种自负的生物绝不会将挂着自己脸的船推向深渊！多么聪明的一个主意！

美人鱼的头发上不会
佩戴发卡（海水会损
坏它们），它们会佩戴
贝壳和海星进行替代。
美人鱼的尾巴颜色
多样：红色、蓝色、
绿色……

最爱的消遣

美人鱼着迷于人类世界的物体，常常试图接近人类以获取它们。它们有疯狂的收集癖！如果有某些珍贵的物品从船上掉入海中，它们就会捡拾起来带回自己的洞穴，与它们所遇到的其他珍宝一同收藏起来。

但不要急着去追！你可能会感到痛苦失望——因为所有的美人鱼都认为一切闪闪发亮的东西都是有价值的，但对你来说可能只是一个无聊的旧叉子。

遇到美人鱼该怎么办

立刻用手捂住耳朵（或者戴上耳机并大声播放你最喜欢的音乐），因为美人鱼最为致命的武器就是它令人着迷的歌声。它就是用这种歌声来吸引船只并将它们引向沉没的。

克里斯托弗·哥伦布在他的日记中也声称他曾经看到过一条美人鱼。

离苏格兰不远的海里生活着一条长着鲑鱼尾巴的美人鱼，据说如果抓住并放了它，它会答应你三个愿望（尽管我会再三考虑不让自己和它纠缠在一起！）。

与美人鱼对应的雄性生物是特里同(Triton)(并不是男人鱼)。

查拉坦（Zaratan）

分类：巨型鲸鱼

想象一下你正驶向一座神秘的岛屿。你登陆了吗？现在再想象一下这座岛开始移动。更糟的是它还在下沉。这简直是一场噩梦。然而这正是你遇到查拉坦时会发生的事，而且不是在做梦！

可能很难相信，但这一巨大的生物通常会被误认为一座小岛。是的，就是一座岛。但我并不认为它是故意的。问题是它经常打瞌睡，也不知道它何时会浮上水面晒太阳。在你发现它之前，所有树木、森林、小山，甚至村庄都跳到了它的背上。

当查拉坦意识到这一情况时，它就会潜入水中清洗身体。你也不能怪它。如果是你也不会喜欢一大群小昆虫在你的背上爬来爬去，对吗？

查拉坦看起来很像一头鲸鱼，只是要大得多。

一些查拉坦的喷水孔处
矗立着火山，从里面喷
出的不是水，而是岩浆。
如果查拉坦的巨眼睁开了，
便意味着它准备下潜了（你
应该尽可能快地逃跑！）。

最爱的消遣

事实上，查拉坦只会为了舒服地睡一觉才上浮到水面，毕竟背着这些东西穿梭往来也不容易。

幸运的是，查拉坦睡眠深沉。但要小心！如果“岛上”点燃一堆篝火，它的恐惧之心会在你意识到之前就让它潜入水中！

遇到了查拉坦该怎么办

直到查拉坦突然醒来你可能才会意识到你眼前的就是它。那时，在它消失之前你只有几秒钟时间快速看它一眼（它会通过拍打鳍状肢，然后喷水来宣布它已经苏醒）。

如果你站在其中一头的背上，你可能什么也看不到（我的意思是当它醒来的时候）。你在森林里只不过停留了一分钟，就要被海水淹没了。

查拉坦的另一个名字是巨鲲。

查拉坦总是被描述为一种
巨型海龟而不是一头鲸。
或许有两个不同的种类。

海马兽（Hippocampus）

分类：马-鱼混血

我的许多朋友都喜欢小型马，但我宁可骑海马兽！

海马兽（通常被称为海马）是半马半鱼类的生物，是美人鱼和特里同的忠诚坐骑，也只有它们能骑上海马兽。它们抓住海马兽的脖子，将自己的尾巴包裹在海马兽的尾巴上。

海马兽显然是一种海生生物，但别忘了它不屈不挠的马性。如果你逼迫海马兽停下来，它会在你放开它前不停地哼踢（承认吧，你生气时也会如此！）。

海马兽最喜欢什么呢？穿过珊瑚礁和鱼群，自由自在地遨游于海洋中。是的，它们到处喷射海水泡沫，但它们这么做是多么有趣啊！

小心马尾，它们甩起来非常快！

它们的鬃毛就是纠缠
在一起的海藻和珊瑚。
它们的蹼状足有助于
在水中快速穿行。

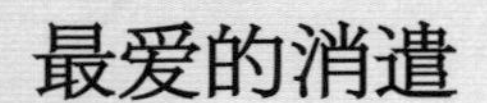

最爱的消遣

海马兽的世界中最开心的事情便是像风一样穿梭（我知道我已经说过了,但这很重要）。它们尤其喜欢在海岸边游泳。

当我还年幼时，我的意思是很小的时候，我的父母总是阻止我进入海水中，因为那里有“白马”。现在我遇到它了！它们指的就是飞驰的海马兽，它们击打起巨大的波浪，又拍击在海岸上碎成白色的泡沫，非常可怕！

遇到海马兽怎么办

不要试图骑上它，那是不可能做到的！它可能看起来像一匹马，但它的皮肤像鱼一样光滑。

海马这个词还有其他意思，比如
普通的海马或我们大脑的一部分
（是的，就在我们的脑袋里）。
海马兽常常见于喷泉造型中。
留心看，下次你就能碰到了。

阿克鲁特（Akhlut）

分类：狼-虎鲸混血

北冰洋中的这种生物极为危险（所以要非常小心）！

拥有半虎鲸半狼的血统的它们是移动迅速、沉默的捕食者，可以在陆地和水中生活。

阿克鲁特喜欢躲藏在无底洞的阴影之中；但当它们感到饥饿时（这常常发生！），它们就会来到海岸边寻找食物，这意味着你有很好的机会看到它们。如果你去了的话，我不建议你抚摸它，如果你还想保住你的手的话。

阿克鲁特的足迹与一头大狼的类似。如果你曾经在雪中看到过这样的足迹，就可以轻易识别出它们，因为足迹的尽头总是在大海。

但要注意！如果足迹很新鲜，那么阿克鲁特很可能还在附近，潜伏在水面之下等待它的下一顿美餐。

是的，你是对的，它也会感到害怕。它也会全身颤抖……不仅仅是因为寒冷。

阿克鲁特的皮毛在它一出水后
就会很快变干。

阿克鲁特的脚完全
不会在冰或潮湿的
石头上滑倒。

它们的耳朵像狼一般可以听到
一英里（约1.6千米）之外雪地
上的脚步声。

最爱的消遣

阿克鲁特喜欢在晚上捕猎。它们拥有敏锐的听力，可以很轻松地在黑暗中活动（无论是海底还是密林深处都无碍）。

它们黑色的皮毛在白天很容易暴露，在白雪的衬托下格外醒目。它们待在暗处更加安全，躲在隐蔽处然后在你不经意的时候突然在你面前跳出。

遇到阿克鲁特该怎么办

不要立即逃跑，很可能它会追着你跑（小心，它跑得很快！）。

安静地撤退并让它自己去捕猎。如果它还是尾随着你，爬到树上吧。在树上你会比较安全。阿克鲁特跑得很快游得很快，但它实在是不擅长爬树。

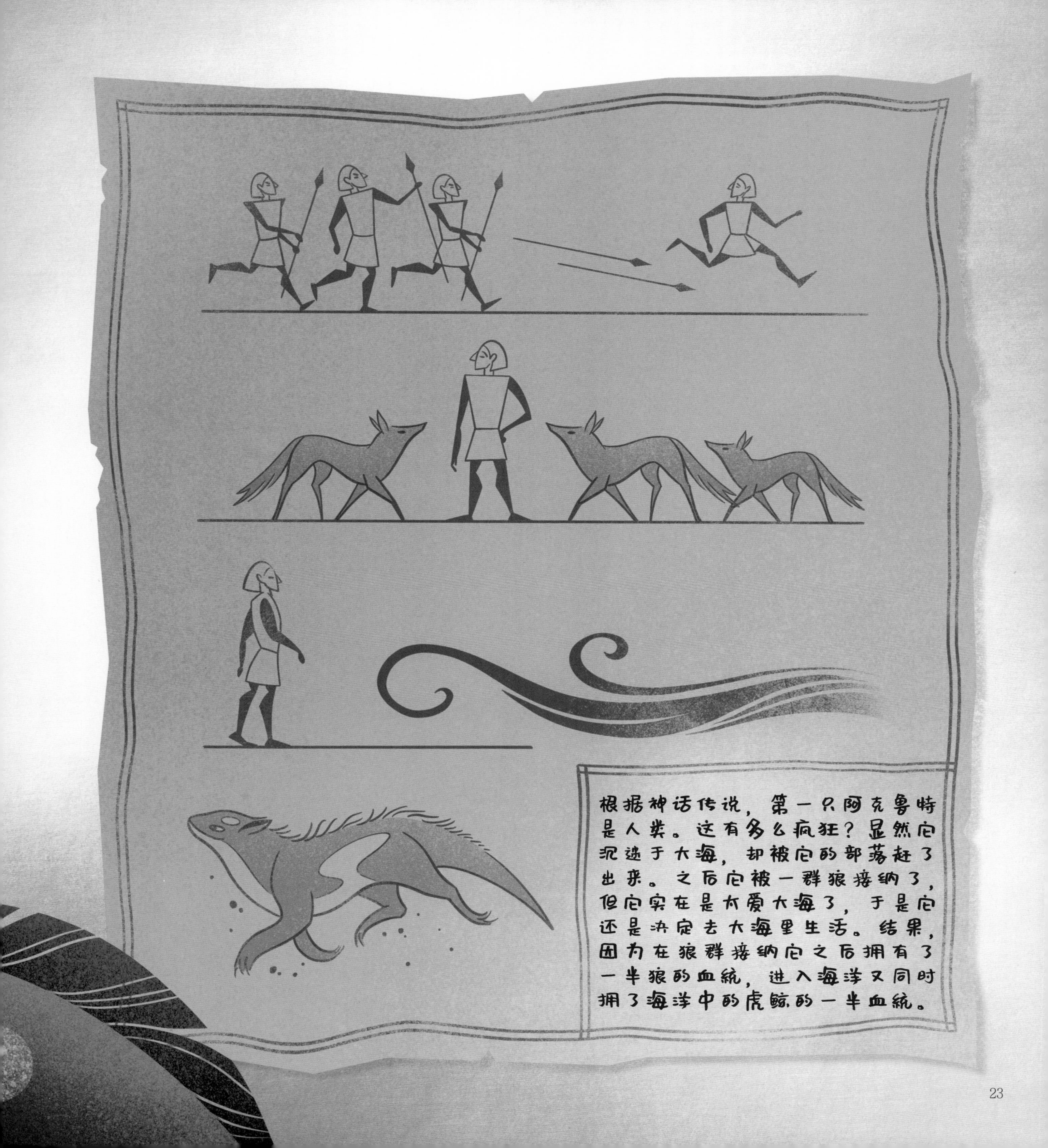
根据神话传说，第一只阿克鲁特是人类。这有多么疯狂？显然它沉迷于大海，却被它的部落赶了出来。之后它被一群狼接纳了，但它实在是太爱大海了，于是它还是决定去大海里生活。结果，因为在狼群接纳它之后拥有了一半狼的血统，进入海洋又同时拥了海洋中的虎鲸的一半血统。

摩伽罗（Makara）

分类：友好的混血兽

根据字面意思，它应该叫水兽，那也是它的本质。

拥有大象的鼻子、鳄鱼的鳞片和鱼尾，它确实是一只各种动物的混合物。且不说它们的牙齿又长又尖。它们的牙齿的气味特别难闻，尤其是当它们靠近你的脸时。然而外表通常都具有欺骗性。实际上摩伽罗对遇到的任何人都非常温顺友好。

一位印度水手曾告诉我，它们甚至能带来好运以及避开恶灵，这也是为何他们会把摩伽罗画在宫殿的门和柱子上。在这些画中，摩伽罗的下颌都画有一朵莲花或一颗闪亮的珍珠，这些都象征着好运和繁荣。

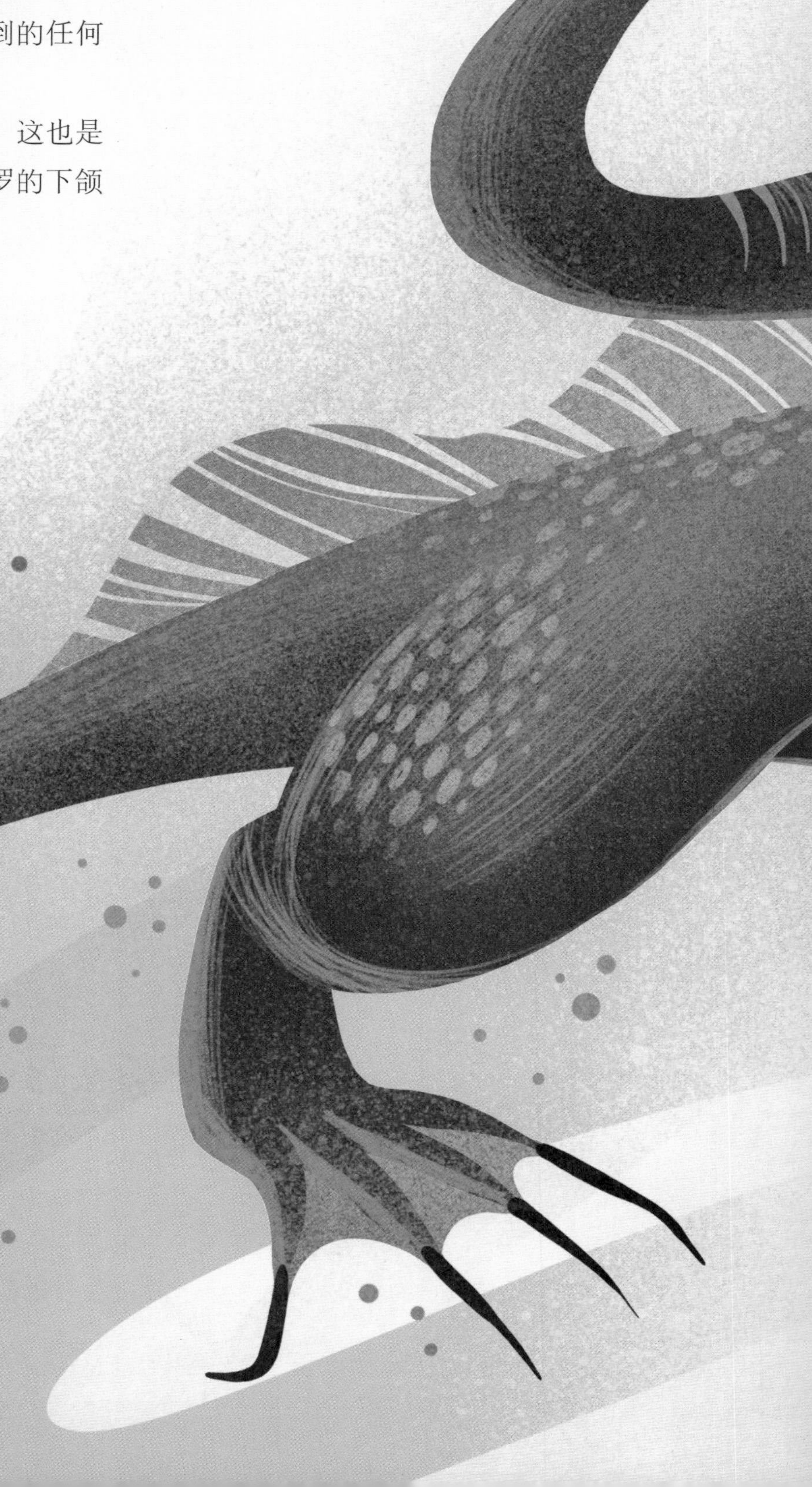

摩伽罗体表的鳞片
和石头一样坚硬，
和冰一样光滑。
摩伽罗很温顺，
但我仍然不会
打扰它们。如果
它们的爪子伸出
来，还是要非常
小心。

奥格斯基（Aughisky）

分类：马-鱼混血

别被奥格斯基的外表欺骗了（是的，这次外表显然又具有欺骗性）。

它可能看起来像一匹华丽的黑马，但实际上是一头极为危险的海怪。

奥格斯基常常在海滩间奔跑，看起来很善良，引诱不知情的路人骑到它的背上。接着它就会露出本性，全速冲向大海，连同可怜的受害者一同拖进大海。

不要轻易上当好吗？躲远点。

也要小心你身边的人。奥格斯基还可以变成人形来欺骗你！幸运的是，当它变形时，似乎总会遗忘某个小细节，比如马蹄或头发里的海草。所以只要仔细观察，你就不会上当。

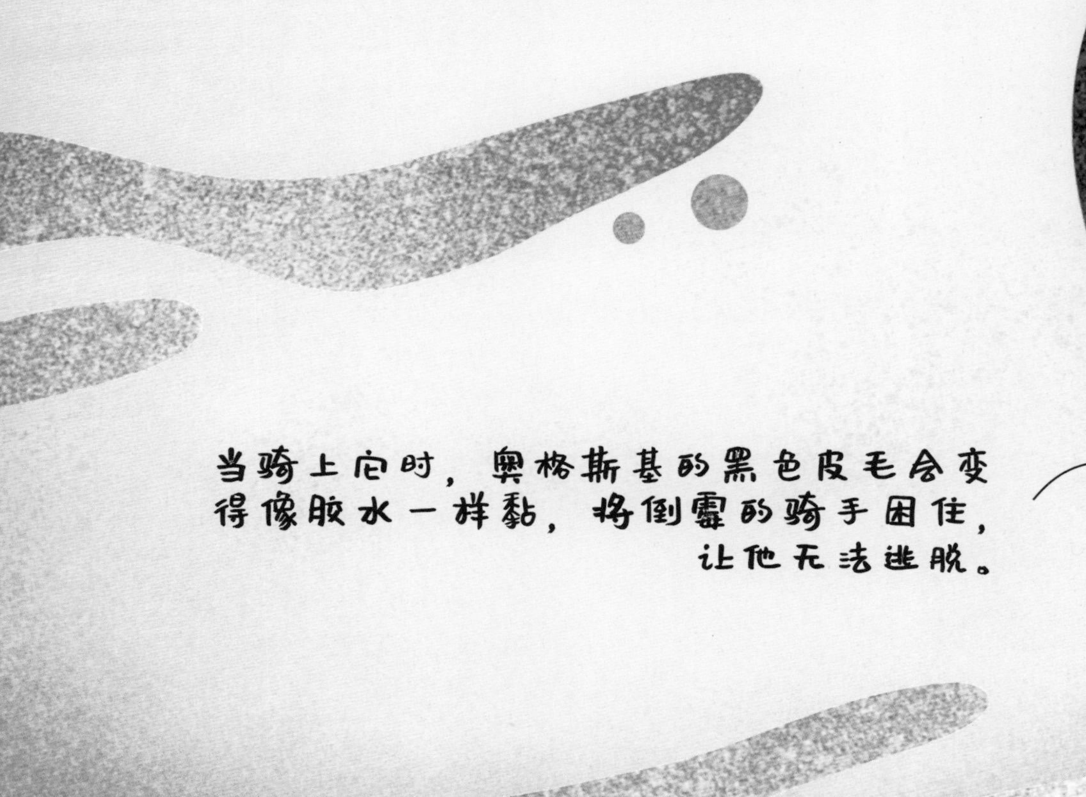

当骑上它时，奥格斯基的黑色皮毛会变得像胶水一样黏，将倒霉的骑手困住，让他无法逃脱。

要控制住奥格斯基，你必须紧紧抓住缰绳。我知道，说起来容易做起来难。

摩羯兽
(Capricornus)

分类：羊-鱼混血

任何会用“像骡子一样倔强”表达的人显然没有遇到过摩羯兽。唯一比这种生物不易弯曲的就是它的角了……

尽管它身体的鱼类部分需要生活在水中，但其山羊部分非常强势，驱使它不断爬上悬崖，用蹄子挖洞，并经常试图爬上海边最陡峭的岩石。

换句话说，摩羯兽不断往上爬直到它的半鱼身体又迫使它回到水里。它的生活非常矛盾。

然而，这一传奇般的顽固让它非常出名，甚至一个恒星群也以它的名字命名。这就是十二星座之一的摩羯座。

摩羯兽的角非常
坚硬，猛戳几次
就可以刺穿船只。
它的蹄子从未停止生长，但
它们会在爬行中很快磨损
（有点像兔子的牙齿）。

深海生物

现在你已经对浅海区的生物有所了解了（除非你跳过几页），请准备好迎接真正的挑战：深海生物！

当你下潜到海洋深处，在海藻林和珊瑚礁深处，一切看起来都更加黑暗和危险，包括你可能遇到的生物。

然而我需要诚实一些：其中一些确实很好。

问题是当它们决定去更浅的水域（还好很少见），它们就会带来灾难。比如，它们中的一些异常巨大，以至于即便只是在周围游动，也可以在毫不察觉的情况下把船弄翻。一些所到之处还会引发潮汐波浪和飓风级大风。还有一些……好吧，有一些实在是不太友好，你最好不要让它们感到不安。

无论发生什么，最重要的就是保持冷静和多加小心：继续通过这本手册持续学习，你将了解关于这些深海生物你所需要的一切知识……玩得开心！

北海巨妖（Kraken）

分类：巨型头足类

因为它们巨大的体型，所以大家都认为北海巨妖总是会袭击进入它们强壮触须中的第一艘船。

事实并非如此！

北海巨妖是一种非常安静的生物，除非遭到威胁，否则不会出手。它们的主要问题（或者是开到它们附近的船只要面对的问题）是它们实在太大了。它们用一只触手就可以产生极大的波浪，以至于即使很大的船也难免被困。

如果这些还不够的话，当北海巨妖抬起它们巨大的头浮出水面，然后再次下潜，就会产生可怕的旋涡。实际上比旋涡更可怕……它们就像小型海啸。

北海巨妖的皮肤就像橡胶：柔软而坚韧。

触手不仅长而强壮，而且排布着许多吸盘，因此你肯定不想被一只北海巨妖拥抱吧。

北海巨妖的耳朵可能
不显眼，但它仍然能
听到海面发生的一切。

最爱的消遣

北海巨妖喜欢浮到水面放松一下，享受阳光。可惜这是一种危险的消遣方式（更适合除了北海巨妖以外的其他每个人）：就像查拉坦一样，北海巨妖也常常被误认作岛屿。说实话，它们的触手和大而圆的头确实很像一座小岛，或者说是一片群岛，水手们常常误以为（当然不是有意的）他们发现了安全的着陆点。但当北海巨妖决定回到海底，噩梦就开始了。巨大的海浪、眼花缭乱的漩涡和恐惧的尖叫就出现了。

北海巨妖出现在许多著名的小说里，比如《海底两万里》和《白鲸》。

遇到北海巨妖怎么办

试着确定它是否苏醒。如果它正在打盹，那么慢慢转身然后逃走。北海巨妖很爱睡觉，醒来还需要花点时间。

如果它已经伸出了触手……那么就自求多福吧。

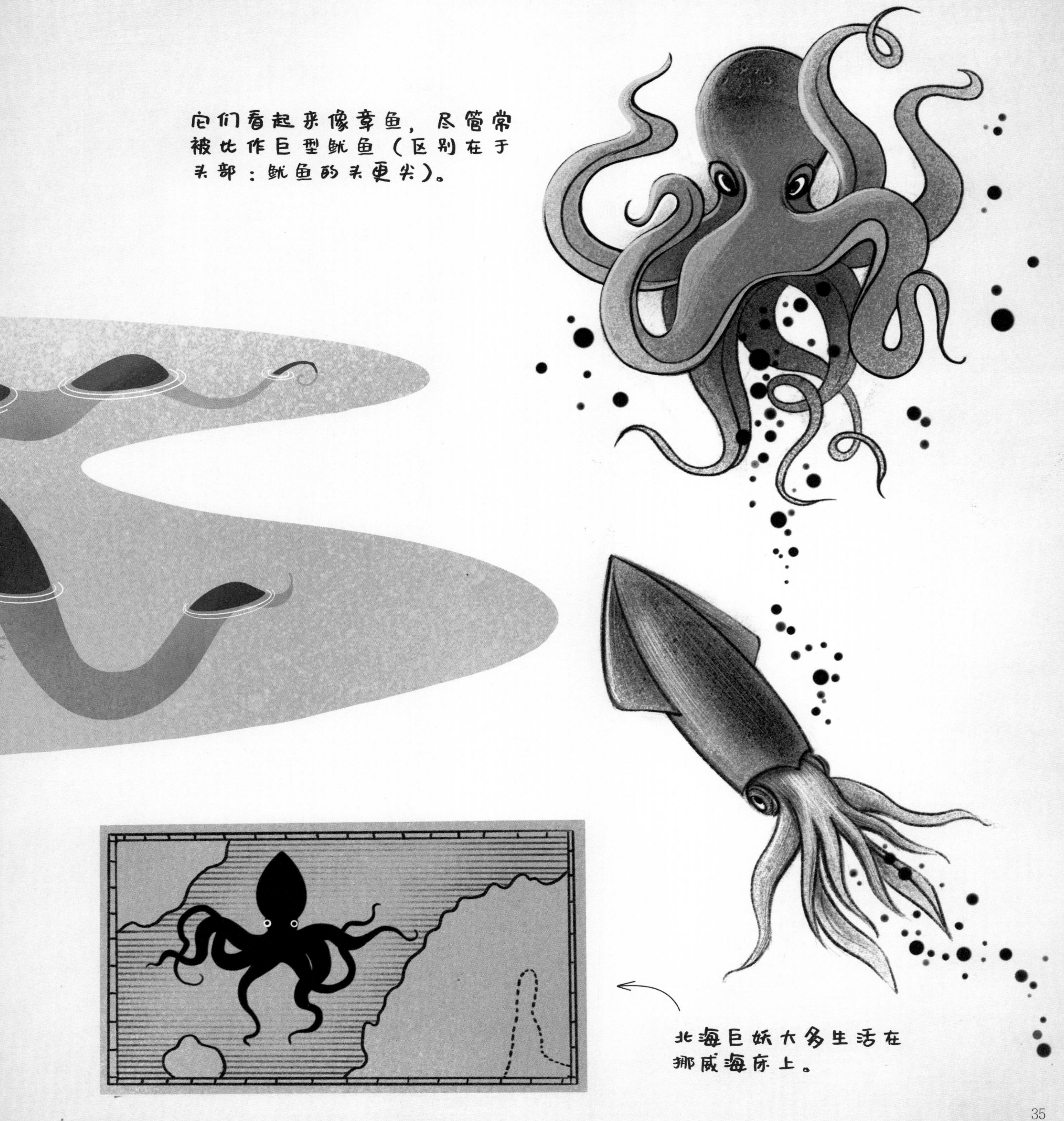
它们看起来像章鱼，尽管常被比作巨型鱿鱼（区别在于头部：鱿鱼的头更尖）。
北海巨妖大多生活在挪威海床上。

乌密保祖（Umibozu）

分类：人形生物

这就是通常所发生的:海洋就像镜子一样光滑透明，偶尔会有微风徐徐，而其他一切都是寂静无声的，打破这平静的就是乌密保祖了。

是的，是真的。

乌密保祖很少从深海出来；当它们出来时，只会在晚上。它们喜欢被尽可能地忽视。不管出于什么原因，乌密保祖一直不想跟其他海洋生物发生任何关系，更不用说人类了。

它们的手几乎总是隐藏在水下，而无数的水手都说它们具有长触手而非手指。

乌密保祖的白色眼睛
就像探照灯一样闪亮。
从海岸上望去，它们
很容易被认作船上的
灯光。

最爱的消遣

因为它们太害羞了，没有人知道乌密保祖在海洋中做些什么。但有一点可以肯定：如果它们在做事时被打扰，就会按下恐慌键并将附近的每艘船搞沉。无一逃脱！

年幼时，它们很可爱；但当它们长成真正的深海巨怪时，问题就变严重了。所以最好不要靠得太近。

遇到乌密保祖怎么办

当被打扰时，乌密保祖会向打扰它们的人要一个大桶。小心，这是一个圈套。

当收到水桶时（大部分人会立刻送上一个，期待能安抚它们），乌密保祖会用水将桶填满并倒在水手身上。

因此，万一你碰到一只，准备好一只无底的桶。它们只会试图把桶填满。

乌密保祖日语的意思是海洋牧师（或许因为它们是秃头，就像和尚）。
像北海巨妖一样，巨大的乌密保祖无意中就会造成严重破坏。仅浮在水面上就会产生像房子一样高的海浪。

卡德罗龙（Cadborosaurus）

分类：海蛇

我将这种生物简称为卡迪，因为卡德罗龙这个名字是科学家研究罕见生物所取的名字，比较难记（也比较难写！）。

卡迪是一种非凡的生物。它具有巨型海蛇的身体以及类似马的头和鬃毛。而且它移动迅速（游泳而非飞驰）。

它最为突出的特征无疑是其长度。显然在深海中还有更为巨大的生物，但卡迪是其中最长的（它甚至可以缠绕鲸鱼一圈！）。它拥有鳗鱼般滑溜的身体，这让试图抓到它变得十分困难。你必须十分小心，因为一旦被卡迪缠上了，很难有逃脱的机会。

卡迪的鱼鳍可能看起来相对较小，但它可以使用它们在水中闪电般前进。
卡迪的大眼睛可以穿透黑暗的海水。

最爱的消遣

与所有巨蛇一样（包括海洋和陆地的），卡迪喜欢缠绕在某物上，比如海底的岩石，一艘冒险靠近的倒霉潜水器也是不错的选择。为了找点乐子，卡迪喜欢找其他海怪打架，缠着北海巨妖的触手或挠挠那马祖的胡须（你很快也会知道它是什么了！）。

遇到卡德罗龙怎么办

答应我你会尽可能不被它缠住！卡迪太长了，它可以在刹那间让你的脚完全固定住（那可是太麻烦了！）。

如果你想抚摸它，那就去吧。这是一种友好的生物。唯一的问题就是你的手会变得黏糊糊的，无法擦掉，只能用肥皂才能洗掉。

哈格伦德船长（具有高超技能的渔民）曾经抓到过一只卡迪幼崽……但是他马上放它走了，因为他不希望它落到水族馆手中。

首次目击卡迪是在加拿大温哥华岛的卡德波罗湾，这也是它叫卡德罗龙的原因。

那马祖（Namazu）

分类：巨鱼

那马祖是迄今为止最大的海怪（比任何东西都要大！）。查拉坦和北海巨妖与它相比就像金鱼。简而言之，那马祖就是一种巨大的鲶鱼，生活在海洋中最深最黑的角落。它被困在几千年慢慢形成的岛屿和大陆之下。因此你会说它实际上生活在地球上而不是海洋中。真是难以置信！

它总是昏昏欲睡，幸运的是它很少需要移动，因为它哪怕是动一点点，也会在地表产生强烈的地震。

最著名的那马祖生活在地球深处，就在日本某地下方，经常引发地震。那马祖造成了数不清的破坏，虽然这并非它的本意。

那马祖有七条胡须，七大洲各有一条。仅仅一条胡须的振动就能让地球颤抖！

那马祖的巨嘴看起来总像是在微笑。你觉得呢？

最爱的消遣

作为海洋中最大的生物，那马祖也是最懒的一种。它把大量时间花费在睡觉上。就像我之前说的，它很少苏醒，试图用岩石压住它是徒劳的，它会造成可怕的灾难。

当它只是用胡须挠挠自己时，情况并没有那么糟糕，只不过会产生比平常稍大的波浪，也不过是最微小的地颤。

遇到那马祖怎么办

如果你一直阅读前面的内容，你就会清楚要碰上一只那马祖是不太可能的（它们住在地球很深的地方）。然而，你可能会遇到一只那马祖副本，那是一幅带有好运的那马祖古画，据说可以保护其主人免遭不测。我给自己也画了一幅。其实每个人都可以有。你所需要的只是用颜料来画一只那马祖，就像这里这幅一样！

据说，那马祖生活在日本，被一块巨石压在鹿岛神庙之下。

鲶鱼多生活在淡水中（即它们只生活在湖泊或河流中）。那马祖则是特例。

塞卡利亚（Cecaelia）

分类：人-鱼混血

这种生物就像深海中的美人鱼，但没有在海浪中疾驰的尾巴，她有八条触手可以优雅地划过沙质海底。她是真正的海洋女王！

与美人鱼不同，塞卡利亚非常羞涩且多疑。一旦有危险的迹象，她就会在周围喷射出一团黑墨水（就像章鱼和乌贼一样），然后逃跑。

塞卡利亚实际上可以脱离水面生存，但她更喜欢平和安静的深海，而且永远不想离开海底。

但她与她古怪的“表妹”有一个相似的特点：塞卡利亚也喜欢亮闪闪的东西，但她更喜欢交换而不是收集。所以如果你见到她，她可能会送你一份珍贵的礼物（但要做好准备，她会期待你的一些回报）。

她喜欢披散着头发，不用发卡，而且她总是在脖子上佩戴贝壳项链。

阿达罗（Adaro）

分类：人-鱼混血

像特里同一样（记得吗，就是雄性人鱼），阿达罗也是人和鱼混血生物，尽管它看起来更像鱼而不是人。为什么呢？因为连同尾巴一起，它还有一个巨大的背鳍，就像鲨鱼一样，耳后有巨大的鳃，可以在水中呼吸。

更重要的是，特里同总是相对冷静，阿达罗则是一头邪恶的野兽，不喜欢人类。

它不能离开水，但偶尔可以通过水龙卷或彩虹途经地面（是的，彩虹也是水做的！）。

当它感到无聊时，会抓尽可能多的鱼砸向渔民（可怜的渔民啊！）。特里同显然更为友好。

阿达罗喜欢戴着由贝壳、珊瑚甚至生锈鱼钩串成的手镯和项链。

阿边罗前额上的长角就像剑鱼的尖嘴。
阿边罗的皮肤光滑，呈灰色，就像海豚的一样。

伊索纳德（Isonade）

分类：巨鱼

伊索纳德无疑非常危险，因为它可以悄无声息地靠近人们。你知道猫是怎样的吧？伊索纳德也是一样，只是更大、更湿，牙齿更多！

伊索纳德不会喷出水柱、翻起浪花或者产生巨大的阴影。那样容易暴露身影。它只有在靠近猎物时才会现身（这对毫不知情的猎物来说可能太迟了！）。

唯一的线索就是风。水手们都认同这一点，我也亲自目睹过：伊索纳德出现之处，猛烈的风就会突然刮起来。这可能是一个巧合，但每次都会发生。伊索纳德是一种可怕的生物。就像一只具有三条尾巴、三个背鳍、前额上长有一个巨角以及满口牙齿的巨型鲨鱼一样！

我承认第一次见到它时我也有些颤抖。

伊索纳德的身体上排布着微小的倒刺，这让它看起来像一个乳酪磨碎器。要把它列在你“不能抚摸的动物”的名单上。
伊索纳德的皮肤是蓝色的，这也是它很难被察觉的另一个原因。

西林科隆（Cirein-Cròin）

分类：海蛇

“会发光的不一定是金子。”我的祖母非常喜欢这句谚语，这也非常符合西林科隆的特征，尽管说“会发光的不一定是银子”应该更为准确。

这种苏格兰海怪是伪装大师，甚至是魔术大师，因为它可以变成一条拥有无害外表的小银鱼。这是很小的动物，没有人会对它表示怀疑。

但问题是当这条小鱼落入渔夫的网中（或者有好吃的东西游了过来），西林科隆就会在刹那间变成巨大的独眼海蛇。

如果这还不够糟糕的话，西林科隆太大了，它的嘴巴如此之大以至于可以一次吞下七条鲸鱼，却仍然没感到吃饱。

因此，如果你看到一个苏格兰渔民奇怪地放走一条看起来毫无防备的小鱼，记住他可能是试图躲开西林科隆。

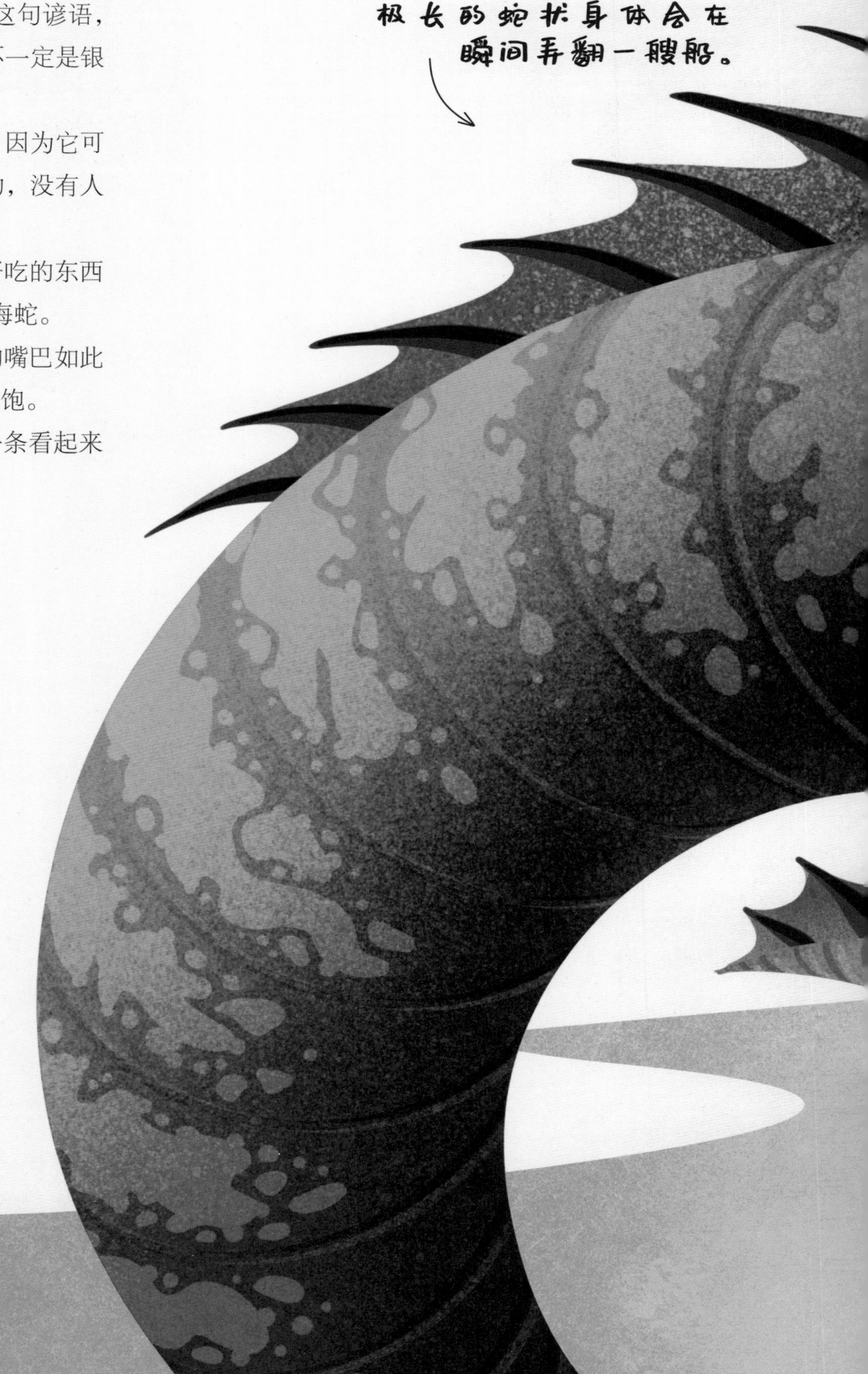

它在小鱼和海怪
的状态下都有许
多锋利的牙齿。

海怪简洁手册

你成功了！既然你已经读完了我所有的笔记，那么对你来说海怪们就没什么秘密可言了。

不过还有一件你需要学习的事情，非常非常重要的事情。

要想成为优秀的海怪守护者，你不仅需要知道塞卡利亚和美人鱼之间的差别（你还记得吗？），而且也要知道海洋法则，内部和外部的都要。

你要知道如何让它保持干净。

不要担心脑袋里有很多问题萦绕；只要继续读下去，所有的一切都会大白于天下！

海洋五条黄金准则

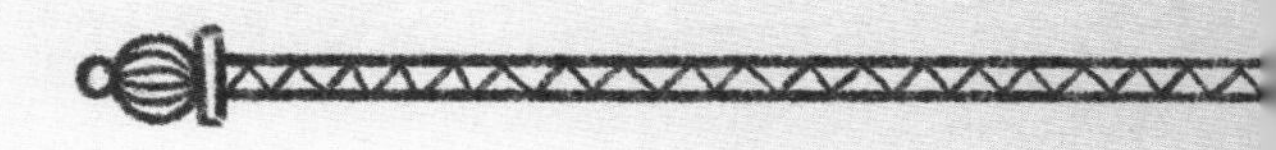

永远不要独自走得太远！

当你在海边游泳时，当你意识到你可能已经离岸边太远时，就很危险了！即使你穿着救生衣，也要确保身边有一位成年人。你绝不会知道北海巨妖会不会在海中突然转身，掀起巨浪！

吃饱以后别游泳！

我知道你可能已经听过一千遍了：吃饱后游泳会导致胃痛。我可以向你保证，胃中翻江倒海可不是你发现一只海怪时的最佳状态。在你等着消化的时候，可以利用这段时间更新你的守护者日记。

使用防晒乳！

在海里待上几个小时（或许是在追踪一只摩羯兽）也意味着要在太阳底下暴晒几个小时，冒着被晒伤的危险，回家的时候你就会像海星一样呈现亮粉色（不幸的是这在我身上发生过！）。为了避免这种情况，一定要记得涂防晒乳。

不要扔石头！

我知道在水面上打水漂很有趣（尽管这并不像看起来那么容易！）；但你想想看，在拥挤的地方为了好玩而扔石头是很危险的（如果你问我的话，那也是非常愚蠢的）。你知道有多少美人鱼头上顶着巨大的肿块从海浪中冒出来吗？

小心其他动物！

海洋是许多奇妙生物的家园，也包含许多其他物种：蜇人的水母、拥有锋利钳子的螃蟹、具有尖刺的海胆……还有一些只会平静地游来游去。所以不要放下你的戒心，小心谨慎地四处走动（对于一些鱼来说你就是巨人！）。

蔚蓝无垠：
保持海水清洁，这是海怪们的家园

对海洋生物来说最大的危险不是猎人的鱼钩或渔民的渔网。对海洋居民来说更为危险的是污染！

或更糟糕的是：塑料！

即使一个塑料瓶盖也会导致巨大的灾难。

海洋生物可能会误食或吞咽它（肯定会胃疼几天！）。

可以这么说，这不过是冰山一角。环境污染令我们的海洋造成不可估量的破坏，也给我们的地球带来了不可估量的后果！

因此，如果想保证我们海洋朋友的安全，我们必须学会如何保护它们的栖息地（它们生活的地方）。

塑料

换言之，首先要做的就是尽可能少使用塑料。

这真的并不是那么困难。你可以做个小改变，不用每次喝饮料都使用新的塑料杯，或者用玻璃杯或硬塑料杯替代（用过之后可以清洗的）。

更好的办法是随身携带一个看起来很酷的水瓶，而不是一次性塑料杯。

回收利用

另一个重要的事情是将垃圾分类处理。

这意味着把垃圾丢入不同的垃圾桶里：一个丢纸制品，一个丢塑料和金属制品。这意味着你扔掉的许多东西都可以进行回收利用。回收利用意味着它们可以变成其他东西，不再是浪费而是全新的东西。聪明的魔术！

在海滩上

最后很重要的是，海滩也需要保持干净。

例如，不要把垃圾随处丢在周围：要丢进垃圾桶。或许你没找到垃圾桶？这不是问题：可以自己做一个。把你所有的垃圾放进一个袋子，然后带回家扔掉。

因为你扔在海滩的所有东西都会进入海洋。

不要忘记，这很重要！

海底：亚特兰蒂斯传说

你现在应该很清楚深海中隐藏着许多古怪神奇的生物，它们具有鳍和触手；但海洋中还有无数的秘密等待我们勇敢地潜入海底去探索，比如失落之城——亚特兰蒂斯。

一些人认为亚特兰蒂斯只是一座城市，而传说告诉我们它其实代表了更多更多：一个巨大的非凡岛屿。

柏拉图（他是古希腊最为重要的哲学家）曾描述亚特兰蒂斯拥有最高的塔，最美丽的艺术品，最巨大的船只……

显然，亚特兰蒂斯的人们勇敢强壮，不断征服周围的大片土地。直到亚特兰蒂斯人决定征服伟大的雅典城之前，他们的生活都一直欣欣向荣。这个决定改变了一切。

亚特兰蒂斯尝试了，失败了，然后彻底消失了。这都发生在一天中。它消失得无影无踪。是不是有点难以置信？

这一切发生在数千年前，但探险家和宝藏猎人仍然在海底搜寻这一古城。他们发现了从破烂潜水服到宏伟航船和大型潜水器的残骸，但仍然没有发现任何亚特兰蒂斯的证据！

亚特兰蒂斯发生了什么

也许一只北海巨妖翻了一个筋斗就把这个城市覆没了……或者一只那马祖最后挣脱牢笼并引发了一场海啸，又或者这个岛屿其实就是一头背上孕育生命的查拉坦……这都是秘密了。或许没有人知道答案（尽管我喜欢想象各种可能性！）。

终极测试

成为海怪守护者

我之前曾经提及要成为一名训练有素的海怪守护者，你必须通过一项测试。是的，到时间了（不用担心，你已经到了这一步，相信应该可以顺利通过）。我保证没有那么困难，即便你答错了，你还可以测试多次，好吗？

这里有十个问题。每题一分。深呼吸，拿起你的笔，或许北海巨妖就跟着你了！

雄性美人鱼叫什么？

A） 特里同
B） 波塞冬
C） 尼普顿

查拉坦类似于……？

A） 鲶鱼
B） 鲸鱼
C） 鳄鱼

海马兽没有……？

A） 脚蹼
B） 蹄子
C） 鬃毛

下面的生物哪种具有象鼻？

A） 阿克鲁特
B） 摩伽罗
C） 摩羯兽

奥格斯基的皮毛是什么颜色？

A） 黑色
B） 褐色
C） 白色

下面哪种生物没有触手？

A） 北海巨妖
B） 塞卡利亚
C） 阿达罗

卡德罗龙也称……？

A） 卡迪
B） 耐西
C） 索利

下面哪种生物最大？

A） 查拉坦
B） 卡德罗龙
C） 那马祖

伊索纳德有几条尾巴？

A） 4
B） 3
C） 2

西林科隆是从哪里来的海怪？

A） 爱尔兰
B） 日本
C） 苏格兰

不到五分

恐怕如果你想成为真正的守护者，还要再努力尝试！
不要太过在意：我们有时也都会感到困惑。
回头翻我的笔记，复习一下，然后再次尝试。
在我下次的旅途中，我希望不会只有我一个海怪守护者出海！

六分或六分以上

太厉害了！
你已经把我笔记的内容全记住了。干得漂亮！
我们下次可以一同前往海洋探险，因为这就是官方的测试：
你现在已经成为一名训练有素的海怪守护者了！

答案：
1-A，2-B，3-B，4-B，5-A，6-C，7-A，8-C，9-B，10-C

朱塞佩·狄安娜（Giuseppe D’Anna）

朱塞佩·狄安娜在阳光明媚的西西里岛出生长大，之后成为托斯卡纳山区的一名绘图师和艺术家。他目前随遇而安，以给孩子和年轻人写书为乐趣。

安娜·朗（Anna Láng）

安娜·朗是一名来自匈牙利的平面设计师和插画家，目前在撒丁岛生活工作。她先在布达佩斯的匈牙利大学学习美术，2011 年毕业，成为一名平面设计师。毕业后，她在广告公司工作了三年，同时兼职于布达佩斯国家大剧院。2013 年她的“莎士比亚海报”系列获得了匈牙利平面设计艺术展的贝凯什乔巴城市奖。目前，她正在热情地为童书画插画。

图书在版编目（CIP）数据

亚特兰蒂斯神秘生物 /（意）朱塞佩·狄安娜著；（匈）安娜·朗绘；雷倩萍译. -- 北京：中国友谊出版公司，2023.1
（大大的神奇生物）
ISBN 978-7-5057-5533-8

Ⅰ. ①亚… Ⅱ. ①朱… ②安… ③雷… Ⅲ. ①海洋生物－少儿读物 Ⅳ. ①Q178.53-49

中国版本图书馆CIP数据核字(2022)第120342号

著作权合同登记号 图字：01-2022-6102

书名 亚特兰蒂斯神秘生物
作者 [意]朱塞佩·狄安娜
绘者 [匈]安娜·朗
译者 雷倩萍
出版 中国友谊出版公司
发行 中国友谊出版公司
经销 新华书店
印刷 北京尚唐印刷包装有限公司
规格 950×1140毫米 12开
6印张 110千字
版次 2023年1月第1版
印次 2023年1月第1次印刷
书号 ISBN 978-7-5057-5533-8
定价 228.00元（全四册）
地址 北京市朝阳区西坝河南里17号楼
邮编 100028
电话 （010）64678009

创美工厂®

出品人：许　永
出版统筹：海　云
责任编辑：许宗华
特邀编辑：李嘉木
装帧设计：李嘉木
印制总监：蒋　波
发行总监：田峰峥

发　　行：北京创美汇品图书有限公司
发行热线：010-59799930
投稿信箱：cmsdbj@163.com

官方微博

微信公众号

[意] 费得丽卡·马格林 著　[匈] 安娜·朗 绘　雷倩萍 译

中国友谊出版公司

目录

前言

你好！我叫马克。

如果你打开了这本书，那么你必然也像我一样十分着迷于恐龙以及好奇它们在史前是如何统治地球的。我将告诉你一个秘密：包括我在内的许多人都相信恐龙并不像科学家们所声称的那样已经灭绝，而是生活在地球上的一个隐秘角落。

通过阅读书籍以及观察所有找到的恐龙化石，我已经研究了恐龙多年，于是我将所有你需要了解的有关它们的秘密都写进了这本手册。本书的目的既包括描述这些最为神奇的肉食性、植食性恐龙，比如君王霸王龙、伶盗龙、三角龙和剑龙等，也包括给予你一些有关如何照顾幼龙的建议，万一有一天你发现了恐龙蛋并孵化了呢。

跟我一起来研究这本书和其中精彩的插图，以及与恐龙有关的令人惊叹的故事吧！它们将成为你最好的朋友。

地理分布

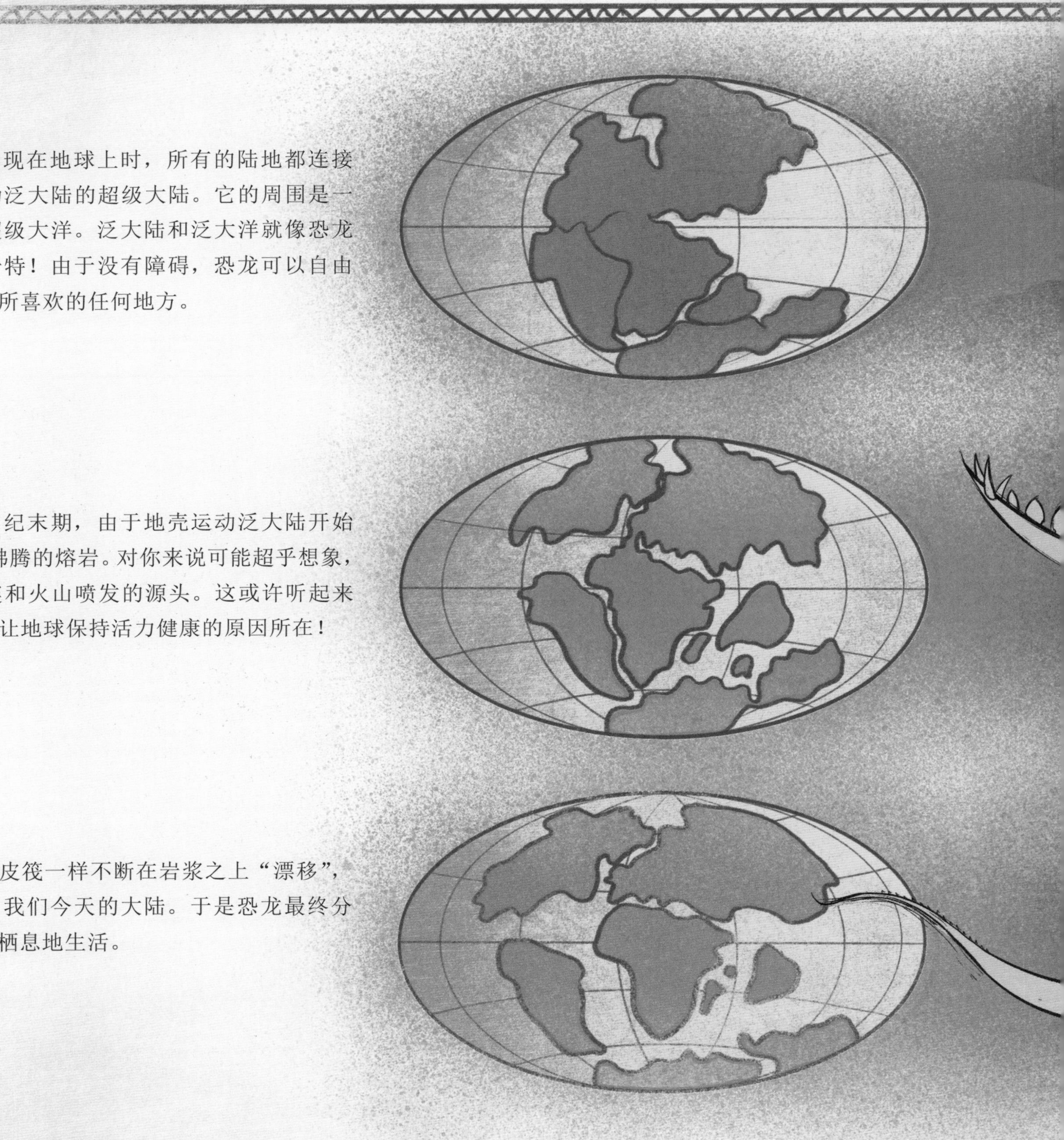

当恐龙首次出现在地球上时，所有的陆地都连接在一起形成了称为泛大陆的超级大陆。它的周围是一个称为泛大洋的超级大洋。泛大陆和泛大洋就像恐龙公园一样巨大和奇特！由于没有障碍，恐龙可以自由漫步和居住在它们所喜欢的任何地方。

然而到了侏罗纪末期，由于地壳运动泛大陆开始裂解，地表之下是沸腾的熔岩。对你来说可能超乎想象，熔岩正是导致地震和火山喷发的源头。这或许听起来很疯狂，但这正是让地球保持活力健康的原因所在！

地壳的碎片像皮筏一样不断在岩浆之上“漂移”，逐渐移动并形成了我们今天的大陆。于是恐龙最终分化并适应了不同的栖息地生活。

时间线

恐龙在 2.3 亿年前被称为三叠纪的时期出现在地球上。

想象一下：显花植物还未出现，整个世界遍布着爬行动物。最早的恐龙并没有你想象当中那么大。它们悄悄地进入了这个世界并在其他动物之间为自己找了一块栖居地。

在随后的侏罗纪，恐龙变得十分巨大，并适应了它们的栖息地生活。一些恐龙长出了长脖子；其他的则长出了爪子和钉刺。它们周围的一切都变得异常高大，植物也变得十分茂盛。

同时，天空被飞翔的爬行动物统治着，而海洋则被海生爬行动物统治。

白垩纪时，恐龙成为地球真正的霸主，而此时显花植物也出现了。整个世界变得五彩缤纷！但在6500万年前的白垩纪末期，一些可怕的事情发生了。一些人认为当时发生了大量火山喷发事件；一些人认为一颗陨石撞击了地球。无论发生了什么，气候开始变冷并导致恐龙消失！没有人知道真正的原因。

我们确定恐龙真的灭绝了吗？地球还未被完全探索，还有很多地方仍然未被人类造访：原始森林和遥远未知的海岛。或许那里正是这些史前生物在大灾难之后幸存下来的地方，正等待着向你展示它们可怕却迷人的样子。

肉食性恐龙

所有以肉为食的恐龙都被称为肉食性恐龙。有没有办法识别它们呢？嗯，一眼可看不出来！事实上它们或大或小，身披羽毛或鳞片，具有有趣的头冠或背上长有奇怪的帆。尽管它们彼此大为不同，倘若你仔细观察，会发现它们具有某些共同特征。要将它们从植食性恐龙中区分出来并不太难（必要的话还要知道何时应该逃跑）：

- 它们通常二足行走（更多的是奔跑）。
- 它们的前肢短于后肢。
- 它们具有强壮的上下颌以及锯齿状的牙齿。
- 它们通常具有你可能避之不及的锋利爪子。

君王霸王龙

著名的君王霸王龙，你肯定听说过，对吧？它是恐龙中的王者，而且确实非常可怕：整身长度可达三辆汽车首尾相连，还生有锯齿状的牙齿和坚固的上下颌。它是臭名昭著的绞肉机。不过君王霸王龙也有一个弱点。它的速度并不快，你骑摩托车都比它快，而且更糟糕的是它很快就会筋疲力尽。因此如果你遇上一只，最好的办法就是掉头全力逃跑。

君王霸王龙很大，但它并不是最大的肉食性恐龙。许多肉食性恐龙都比它大，比如南方巨兽龙和棘龙等，然而君王霸王龙无疑比它们要有名得多。

君王霸王龙的牙齿并不算特别长，
大约8英寸（约20厘米），但其锯齿状的
边缘就像一把把锋利的牛排刀，让
它们变得非常致命！
据说君王霸王龙的幼崽身披
羽毛，就像一只巨大的鸡，
尽管它的毛没有那么柔软。
为什么它的前肢如此短小
呢？一些人认为君王霸王龙
会用小短肢将猎物钉在地面，
或在睡觉时将自己抬离地面。
不知道你怎么看？

伶盗龙

伶盗龙可能体型很小，但它却是一台微型杀戮机器，比君王霸王龙还要致命。

伶盗龙在电影中总是被描绘成具有蜥蜴一样的皮肤，但实际上它们像鸟类一样具有羽毛。

伶盗龙的爪子会在奔跑时阻碍它们。这也是为何伶盗龙的爪子平时总是缩进去，只有在紧抓猎物时才伸出。

它具有难以置信的速度和大量的珍藏武器：善于捕捉猎物的旋转腕关节，镰刀状可伸缩的爪子随时准备撕碎猎物的肠子，还有大量剃刀状的牙齿。但伶盗龙如此致命还有一个原因：它是非常精明的猎手，喜欢成群猎捕更大的猎物。

伶盗龙是一种温血恐龙。这并不是说它的血液是滚烫的，而是说明伶盗龙自身可以调节体温，不需要像蜥蜴和其他爬行动物那样只能通过晒太阳加以调节。

恐爪龙

恐爪龙看起来很像伶盗龙。其每条后腿的第二个脚趾上具有同样致命的弹簧刀爪，前肢上长有相似的羽毛，加上一条长尾和强壮的后肢。恐爪龙与伶盗龙一样聪敏迅捷。将它们区分开来的方法是看体型。恐爪龙几乎是伶盗龙的两倍大，因此也更为致命。

异特龙

异特龙虽然十分庞大笨重，但它能极为迅速地击中目标，即使最灵活的猎物也难以逃脱。但异特龙这样的肉食性恐龙需要的不只是小型猎物，那不过是一道开胃菜。异特龙更喜欢成群捕食更大的植食性恐龙，比如巨大的剑龙。为了抓住如此大的猎物，异特龙拥有致命武器库，比如切肉的爪子和锯齿状的牙齿。唯一躲避它们猛烈撕咬的方式就是引诱它们前往一片沼泽地，在这里它们会被困住而无法移动。

重爪龙

重爪龙是不是看起来很像一条鳄鱼？其实它是一种捕食鱼类的凶猛恐龙。你可能会认为牙齿是它们最为青睐的捕食武器。大错特错！重爪龙是用拇指爪来捕鱼的，可以说它的拇指爪像一个巨大的鱼钩。这一致命的恐龙潜伏在沼泽中，纹丝不动，与周围的环境浑然一体。当鱼类游近时，大爪子突然弹出并迅速刺穿鱼儿。重爪龙更喜欢捕食史前鱼类，如果附近实在没有，它也会外出寻找其他肉类。

窃蛋龙

这种恐龙名声不太好，说它喜欢偷蛋吃！只是开个玩笑。实际上，窃蛋龙会悉心照料自己产的蛋。你很难想象一头恐龙会如此有爱。它从未想过去偷吃其他动物的蛋。它主要取食种子植物、蜥蜴和其他小动物，用喙衔起来整个吞下，因为它们没有可以咀嚼的牙齿。窃蛋龙更像鸟类。它们建造巢穴、守护后代并且全身披毛，但它们仍然是恐龙。要正确对待它们哦！

因为它们没有牙齿，你可能会觉得它们并不可怕，但要小心，它们啄你一下可不是闹着玩的！

窃蛋龙吃东西都是囫囵吞枣的。那么它们是如何进行消化的呢？很简单，它们利用石头将肉和植物研磨成小块以便消化。

棘龙的口鼻部有没有让你联想起某种半水生的爬行动物？是的，就是它。棘龙具有与鳄鱼类似的头。与它的爬行亲戚一样，它也是在河里捕鱼并居住在湖边。

棘龙

为何一头巨大凶猛的恐龙要在背上长出帆呢？显然它并不是用来在水上航行或者用于拍打那些讨厌的巨大史前昆虫的。背帆应该与体温调节有关。当棘龙感觉冷时，它会把帆立起来，阳光会通过照射血管温暖全身。当它感到炎热时，会收起背帆来躲避阳光。它就像一个巨大的便携式太阳能板！然而别被它迷惑了，棘龙可不像它看起来那么天真无辜。它具有密布着牙齿的长口鼻，脚上还有抓取猎物的爪子，这使它与其他肉食性恐龙一样凶猛。

牛龙

牛龙看起来有点像君王霸王龙，也长有同样的短小前肢。它的眼睛上方长有两只大角，从背部到尾巴之间长有一串突起。但牛龙并不会用角进行攻击。相反，雄性会用角去吸引只有小角的雌性。拥有最大犄角的雄性是最受欢迎的。牛龙不会煞费苦心去捕捉新鲜猎物，而会等着猎物死亡，然后一口口吞食它们，而不是攻击它们。是不是觉得它们特别聪明！

牛龙视力颇佳：眼睛向前倾斜让它即使在数英里之外也可以准确定位猎物。

相比于后肢来说，食肉牛龙的前肢实在是过于短小以至于很难看清。幸运的是，它的后肢长而强壮，可以完美击倒对手。

阿瓦拉慈龙

不要被阿瓦拉慈龙的外表迷惑了。它看起来可能很像一只搞笑版的鸵鸟，但实际上却是一种极为原始的迅猛龙类。与其可怕的亲戚迅猛龙不同，阿瓦拉慈龙酷爱食用昆虫。因此虽然它是一种肉食性恐龙，但只喜欢捕食小昆虫。它会使用外形看起来像铁锹的奇特前肢在白蚁巢穴中挖取猎物。这种恐龙行动敏捷，尽管和鸟类一样具有羽毛，它却不能飞。

双嵴龙

与阿瓦拉慈龙不同，双嵴龙是不会满足于塞牙缝的小昆虫的,它追逐着更大的动物。双嵴龙体长大约可达 23 英尺(约 7 米)，因此这种巨兽需要食用大量肉类。它拥有获得猎物的一切有利条件：利于奔跑的强壮后肢，便于抓捕猎物的带爪长前肢，排布着刀状牙齿的上下颌，这些都类似于其他肉食性恐龙。双嵴龙具有一个与众不同的特征，就是其头上的 V 形大头冠，这一特征可以帮助它们相互识别。

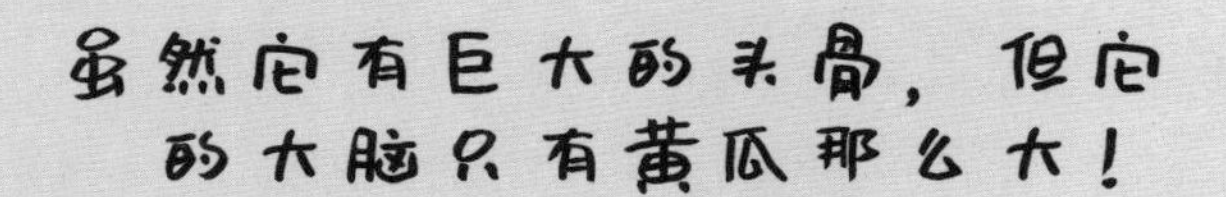

巨兽龙

正如你从它的名字所能看出来的，这种恐龙十分巨大。它的头骨打破了纪录：高度可达异常的6.5英尺（约2米），与一名篮球运动员差不多高，比我们所知道的其他肉食性恐龙头骨都要大得多。它身体的其余部分也不小。尽管巨兽龙比君王霸王龙和其他部分恐龙要稍微苗条一些，但那并不意味着它不可怕。对它来说，长达11.5英尺（约3.5米）的阿尔伯塔龙只是小菜一碟。巨大的上下颌和尖牙利齿以及其他后备支持，让它们随时可以发起群体攻击，抓住机会疯狂进食。

巨兽龙的身体十分庞大：长达
46英尺（约14米），体重约8吨。

与其他盗龙类的近亲不同，
小盗龙并不喜欢待在地面，
因为它后肢和翅膀上的长羽
会阻碍它的日常活动。

小盗龙

巨兽龙是比棘龙还要大的最大的肉食性恐龙，小盗龙则是最小的肉食性恐龙，体长仅 16~33 英寸（约 40~84 厘米）。小盗龙在许多方面都与鸟类具有共同点，包括翅膀、尾巴和后肢上的长羽、身体上浓密的羽毛。它不会飞，但可以利用翅膀从树冠向地面滑行。与一些较大的迅猛龙类一样，小盗龙具钩状爪的足部以及锋利的牙齿，正是肉食性恐龙的理想武器。

小盗龙大多居住在树上。它喜欢生活在树枝上，因为这里是隐蔽自己并发现林中猎物的最佳地点。

恐龙还是鸟类?

始祖鸟!

一些恐龙具有与鸟类极为相似的外表并共有许多其他特征，这一切都让区分它们变得困难起来。比如始祖鸟就需要一个全新的分类。这种非比寻常的生物具有翅膀，似鸟类的骨骼，包括飞行时非常重要的叉骨，还有全身的羽毛。有趣的是，在它的口中长有数排钩状小齿，与那些肉食性恐龙很类似。许多人认为始祖鸟是恐龙和鸟类演化的中间环节，相信鸟类正是从恐龙演化而来。如果这是真的，那将让人极为震惊，因为这意味着我们正被一群会飞的、身披羽毛的微型恐龙围绕着。

在始祖鸟肩膀位置具有一个称为叉骨的分叉骨骼。在一些地方它被称为许愿骨，因为在当地有这样的传统：两个人将一根骨头折断，拿到较大骨头的人可以许下一个愿望，愿望会被实现。
始祖鸟也能进行咀嚼，但还是会吞下石头来帮助研磨食物。这些胃石在它的胃中占据了很大空间。
始祖鸟的大脚趾向后弯曲便于抓握树枝。

天空统治者

抬起头，一只真双齿翼龙正展翅高飞。它一般只爱吃鱼，但为防万一，我还是觉得要躲开这只会飞的爬行动物。喙中排布着一列不同大小的牙齿表明它是一类凶猛的捕食者。它或许不是非常大，但这些尖牙还是具有很强的杀伤力。另一方面，翼手龙则没有牙齿。相反，它的喉部具有一个囊袋，有点像捕鱼网，在用与蝙蝠类似的膜翼飞越湖面时收纳鱼儿。翼手龙的翅膀非常雄伟，翅展可达 23 英尺（约 7 米），风神翼龙的翅展则最大可达 36 英尺（约 10.9 米）。你肯定不希望这么大的爬行动物放飞自我地飞过你的头顶！

真双齿翼龙并不十分巨大，大约和一个两岁的孩子差不多大，26 英寸（约 0.65 米）长，但翅展大约有 6.5 英尺（约 2 米）。这相对蓓天翼龙来说已经很大了，后者只有鸽子一般大小。

翼手龙的飞行方式与海鸟
差不多：它借用冷暖气流
以便尽可能节约自身能量，
无须拍动翅膀就可以利用
气流抬升自己。是不是很
聪明呢？
无齿翼龙具有的头冠，可以
帮助它们在复杂飞行运动中
掌舵，比如中途转向。
风神翼龙具有巨大的翼展，
体重可达440磅（约220千克）。

植食性恐龙

植食性恐龙范围很广，从长达四辆首尾相连巴士的梁龙到可以轻松放在你手臂上的鼠龙。与肉食性恐龙相比，不同种类的植食性恐龙差别更大，因为它们需要很好地适应群居生活。不过它们还是有一些共同点，让它们看起来不像那些肉食性亲戚那么危险：

- 牙齿就是最好的证据，因为植食性恐龙只需要用牙齿进行咀嚼，而无须用来撕肉。
- 大部分植食性恐龙都是四足行走的。
- 植食性恐龙一般都拥有装甲、钉刺和犄角来保护自己。
- 植食性恐龙大部分时间都是集体行动，忙着埋头吃草。

三角龙

三角龙具有许多植食性恐龙的特征，包括便于咬住树枝的长喙、研磨植物的巨大牙齿以及用来全天咀嚼绿叶的强壮上下颌。这种恐龙一般被发现于平原或森林，与其他三角龙同伴一起安然地咀嚼着草叶。

好大的脚啊！这么大的脚可以很好地承担这些巨型恐龙的体重，但却跑不快。而且三角龙从来不会浪费任何一点能量，只有在紧急情况下它才会加速。

恐龙突发新闻

当面对袭击时，成年三角龙会围成一圈、犄角向外，就像现在的麝牛一样。

三角龙不是一种好斗的恐龙，除非被激怒，那时它会变得很难对付。如果你试图靠近它们的幼龙或者发动任何攻击，三角龙会闪电般跟着你，我可以肯定它的三个角（两个在眉骨上，一个在鼻子上）一定会给你造成极大的伤害。一只有所企图的肉食性恐龙可以靠得很近吗？恐怕难，因为三角龙长有一个用于防护的巨大骨质饰边。无论捕食者的牙齿多么锋利，它们都无法穿透三角龙的头盾刺进颈部之下的柔软部分。

甲龙

甲龙更像一头身披盔甲的坦克，而不是恐龙。坚硬的盔甲保护它免遭袭击，即便拥有再锋利牙齿的肉食性恐龙也无法穿透这层盔甲。其盔甲是由一百多块具尖刺的骨质板组成的，除了腹部以外从头到尾全覆盖。这也是为何这种植食性恐龙在受到袭击之时总是蹲下来：攻击者隔着骨板和钉刺根本无法对它产生任何伤害。这些还不够的话，甲龙尾巴的末端也有一个巨大的棒槌，摇摆起来可以轻松地把妄图不轨的捕食者的腿打断。

骨质盔甲给甲龙造成了沉重的负担，因此你通常是看不到它们飞快奔跑的。相反，它们更喜欢在平原之间悠闲地进食和漫游。

禽龙

这种爱好和平的植食性恐龙可能看起来比甲龙更为脆弱，但它拥有一种隐蔽的秘密武器：其拇指上长有一个长尖的刺，可以像匕首一样戳向敌手。虽然禽龙的尾巴末端没有棒槌，但尾巴又大又粗，可以用来反击敌人。另一个有趣的特征是，尽管禽龙是四足行走，但它能轻松地依靠后肢站立，特别是当它想要啃咬高大树木顶端的鲜嫩叶片时。

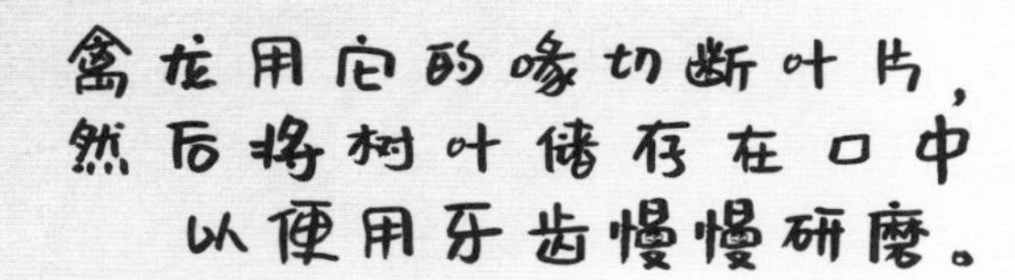

拇指刺是用来反抗攻击者的，也可以用来切割最坚硬的植物。是不是很有用？

禽龙足上的中趾有利于它们急速奔跑，蹄状趾便于其有效抓握。

剑龙

这种恐龙因为背上的一排骨板而看起来让人觉得紧张。根据科学家的说法，它们并非是用来防卫敌人的，实际上这些骨板中布满了血管可以调节体温，这意味着可以用来升温或降温。可以把它们想象成太阳能板。要升温时，剑龙就把背板展开以便获取尽可能多的阳光；要降温时，就把背板直立起来避开阳光照射。剑龙利用自己的四个尾钉来保护自己：它们足够锋利，能够穿透敌人的皮肤。

骨板大约3英尺（约0.9米）高并一直沿着背部延伸下去，这让它们看起来非常惊人。雄性会用背板向雌性炫耀展示。

与剑龙身体的其他部分相比，它的脑袋显得特别小，只有2.5盎司（约70克）重。想想看，如果一个人类的大脑大约重3.3磅（约1.5千克），而剑龙等于五个人的体长，你就会明白为何它不是一种特别聪明的动物了。

钉状龙

你可以将这种恐龙视为剑龙和甲龙之间的过渡类型。与剑龙一样，钉状龙在背部的前半部分排布着骨板，从背部中间到尾巴上排布着致命的长钉，可以用来抵挡袭击者，肩膀上长出的长刺也具有同样的作用。换句话说，只要肉食性恐龙试图攻击它，致命的钉刺就会进行防护。但钉状龙也不是尽善尽美！它的头相对身体来说显得很小，它的大脑就跟一颗核桃差不多大。

阿根廷龙

想要知道这种恐龙有多大，只要知道它的一个脊椎就重达 2 吨，所以它的整个体重可达 100 吨，这一重量轻松打破了纪录，唯一打败它的就是蓝鲸了。蓝鲸可以利用海水来支撑它的体重，而阿根廷龙依靠它像树干一样的四肢来支撑身体，并用它格外长的脖子去取食它最爱的长得很高的松柏树枝。

梁龙

梁龙也拥有一项纪录，但并非是体重。这种恐龙的特征就是身高惊人，可达 164 英尺（约 50 米）。梁龙的脖子和尾巴构成了其身高的大部分。与大多数拥有长脖子的恐龙一样，梁龙也用它的长脖子伸达树顶，尾巴此时也派上用场，可以驱赶周围饥饿的捕食者。如果捕食者靠得太近，梁龙会将尾巴像鞭子一样甩来甩去，立刻就能把捕食者打飞。

赖氏龙

赖氏龙就是最大的鸭嘴龙类，其名字源于它的口鼻部末端具有一个扁平的鸭嘴状喙。这种恐龙最显著的特征就是其奇怪的头冠。这一骨质突起有点像头盔，赖氏龙并不会将它作为武器，相反，这种恐龙会用头冠产生可以在种群中相互识别的声音，有点像你的头上长有一个长号。

副栉龙

副栉龙的头冠看起来就像一根长管子。它的功能与赖氏龙的头冠类似，可以帮助它们传播声音，只是它们头冠的结构和产生的声音有些不同。作为一种十分社会化的植食性恐龙，副栉龙需要与同伴进行交流。通过头冠产生的响亮“口哨声”，通知其他副栉龙是去一片新的草原进食或是有捕食者正在靠近。

慈母龙

这种恐龙以一项特征而著称，即它们照顾幼龙的方式，包括孵化之前。慈母龙会用泥土和干树叶建造一个舒适的巢穴，柔软且温暖，然后在蛋孵化之前小心看护。一旦幼龙孵化，慈母龙会在它们能够完全保护自己之前喂养并守护它们。换句话说，慈母龙真的是极为杰出的父母！这种恐龙的另一个特征则是其巨大的种群。慈母龙喜欢待在一起，庞大的族群是一种良好的保护方式：团结就是力量！

慈母龙的口鼻末端是一个大而扁平的喙，有利于它们收集食物带回去给幼龙吃。

慈母龙化石在1985年被带上了太空。而活着的慈母龙从未到过那么远的地方。

肿头龙

肿头龙最为突出的特征毫无疑问就是它的头和奇怪的头盔了。边缘和后方具有骨质凸起的奇怪头盖骨是用来撞击其他同类雄性的。当两头雄龙争夺同一头雌龙时，它们会用一场头撞头的争斗来解决问题，相互撞头直到其中一方认输。就技术而言，似乎这看起来很执拗，但确实很有效。除了雄性直接头撞头的小规模战斗外，肿头龙总体来说还是十分平和的素食爱好者，它们的绝大部分时间都在寻找植物、种子和果实。

除了骨质头盔和后方骨刺外，
肿头龙口鼻部还伸出四个短刺。
这种恐龙的头真的非常奇怪。

肿头龙的小叶状牙齿
是另一项不寻常的特
征。它们可以在粉碎
植物时派上用场。

肿头龙的前肢比后肢
短，因为它更喜欢依靠
后肢直立行走。

戟龙

你可能会将戟龙与三角龙混淆，但这两种恐龙之间存在明显区别。首先是它们的口鼻部，戟龙鼻子上长出一个单独的角，从其颈盾上伸出 6 根长刺和许多更小的刺。戟龙可能看起来很可怕，但如果遇到它你不用担心，它是一种天性温顺的植食性恐龙，每天唯一的目标就是用它的大喙寻找美味的植物。当然这并不意味着在遇到攻击时，它不会把角用作致命武器。

镰刀龙

当遇到镰刀龙时，第一个映入眼帘的便是其巨大的爪子。然而并没有什么好怕的，因为镰刀龙并不用它来肢解肉，而是对付植物的。它会用其超级锋利的爪子切割草木，然后用长手臂把这些草铲起来，就像一台巨型割草机一样。镰刀龙是一种兽脚类恐龙。大多数兽脚类恐龙都是吃肉的，但这种恐龙的牙齿却适合吃草。它还具有一个长脖子和相对身体来说很短的尾巴。

其巨大的镰刀状爪子可达3英尺（约0.9米）长。将这一长度加上，整个前肢可长达8英尺（约2.4米），此时你将会惊讶于这种恐龙的前肢有多长。当镰刀龙要得到美味的树叶和多汁的果实时，长前肢和爪子对于紧抓树枝就非常有利了。

驯龙人

现在你认识了各种最古怪的、最凶猛的，以及最惊人的肉食性和植食性恐龙，你已经具备了训练这些神秘而古老的动物的基本知识。很有可能你会遇到一只慈母龙的蛋或一只梁龙幼崽，你需要知道如何照顾它们以及与它们愉快地玩耍。同样，你如果决定要成为一只微型迅猛龙或其他肉食性恐龙的主人，我将教你一些小窍门去对付它们。不可思议的恐龙世界正等着你，你准备好成为它们的领袖了吗？

孵化恐龙

各种不同的恐龙生长速度不尽相同。一些恐龙一离开巢穴就可以自我保护；其他的则需要被照顾得更久。如果你决定饲养它们，要明白你需要投入多少时间：如果你没有太多时间，那就选一种不需要过多照顾的品种。

各种形状和大小的蛋

恐龙蛋一般比你所认为的要小得多。专家认为它们一般不到12英寸（约30厘米）大。不同种类蛋的形状和颜色各不相同。一些恐龙产的蛋很像鸡蛋，而一些恐龙蛋则是圆柱形或球形。你要明白通常发现时并不仅仅是一个蛋，而是一窝蛋。给你一个建议：不要拿太多。照顾一只恐龙是一回事，但要管一窝则是另外一回事了。

一见钟情

如果你喜欢拥抱动物，那么一只小慈母龙就是你的最佳选择。当它一孵化出来，它的眼里就只有你。唯一的问题就是随着时间的推进，你可能会厌倦于这个小家伙总是黏着你。一个折中选择是养一只小窃蛋龙。它也需要大量的关爱和照料，但会逐渐变得独立。然而有一点要记住，因为它是一种肉食性恐龙，当它长出牙齿时，会咀嚼看到的一切东西。

恐龙幼崽的哭声可能会引发邻居的抱怨。如果真的发生这样的事，由于没有适合恐龙的安抚奶嘴，给它们准备它们最爱的食物将会让它们很快安静下来。

幼龙成长记

当还是幼龙时，所有的恐龙都很容易照料。对肉食性恐龙来说，唯一需要留意的就是牙齿：即便在年幼时，它们的牙齿也很锋利，你容易被弄伤。你可以给你的肉食性恐龙宝宝一个可以咀嚼的橡皮球或者给它套一个口罩，就像你对狗狗一样。

一般而言，恐龙大多长得非常快，一些最后甚至会长得异常庞大。也许某天早上当你醒来就会发现，你的梁龙已经比房子还要高，长度已经超过你家后院了。

因此，如果你想照顾大型恐龙，你需要很大的空间；否则只能饲养小型恐龙。

在完全长大之前，恐龙都会有些喜怒无常。前一天它可能还想要你陪它玩耍，后一天可能它就会无视你了。别在意这些，这只是一个过程，等到它长大以后就好了。

培养恐龙

幼龙大都没什么规矩，但只要教会它们规则，结果还是很不错的。你必须坚决、持之以恒且无比有耐心，因为它们一般都很顽固。

肉食性恐龙训练

对于肉食性恐龙，尤其是那些娇小敏捷型，最好立刻解决它们的运动问题。你无法阻止它们到处乱跑，但你可以确保它们的速度不会对人类世界造成严重破坏。想象一下一只似鸵龙以时速30英里(约48千米)穿过超市时是怎样一番场景。一个切实可行的办法是让它们参加野外有组织的活动，最后会让它们精疲力竭的一种“恐龙比赛”。每天早晨给你的恐龙安排一项跑步、障碍赛或一些敏捷性训练。

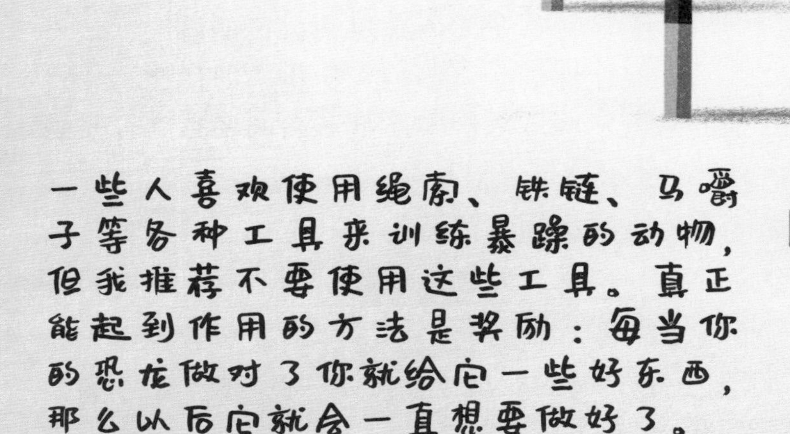

植食性恐龙训练

对于植食性恐龙，你可能遇到完全相反的问题，它们不太愿意多动或者干脆完全不动。它们大多都很慵懒，喜欢一直待在一个地方吃草。如果没有敌人追捕它们，它们很可能变得更加不愿意动。下面有两个诀窍教你如何让它们保持身材：

- 把你的植食性恐龙带到没有植物的地方。把蔬菜装到一辆小货车上，然后让一个成年人开走。你将会惊讶于你的恐龙为了追上那些食物会跑得如此之快。
- 找出你的恐龙最喜欢的植物种类，然后将它们挪来挪去以便恐龙追着跑。

与你的恐龙尽可能多地玩耍。恐龙最喜欢的游戏可能就是拔河（如果你的恐龙很大，那你估计需要后援了）、接飞盘和捉迷藏了。

愤怒管理

几乎所有的恐龙都很难控制自己的脾气。肉食性恐龙一抓住机会就会撕咬和抓挠。即便是植食性恐龙也会为了解决种群中成员之间的争斗或保护自己躲避捕食者而采取相当暴力的手段。

为了阻止这一天性，你必须在它们一出生就培养它们的同情心，温柔地抚摸它们。它们获得的爱越多，长大以后就会越平和。但不要忘记恐龙是一种野生动物，与它们相处要格外小心，避免受伤害，比如在你的腿上咬上一口，或用头撞你的后背。

喂养肉食性恐龙

喂养较小的肉食性恐龙不成问题，但是如何喂大的呢？它需要进食大量的肉，因此你要饲养这种恐龙必须在附近有一个畜牧场，更重要的是你不惧怕最后被它吃进肚子里。

不仅仅是肉

你要明白肉食性恐龙不仅是吃我们所熟悉的那种肉。它们也偏爱爬行动物（包括它们的刺和骨头），小型哺乳动物（比如老鼠），甚至有翅或没翅的昆虫。你的恐龙将会有助于你处理老鼠、蚊子、臭虫和周围其他令人不愉快的东西。

恐龙和鱼

一些肉食性恐龙主要吃鱼，并且必须是现抓的。这种恐龙最好带它去钓鱼。因为它们全都具备简便的捕鱼技能，比如爪上的钩子，你所要做的就是带它们去河边，然后让它们自由行动。

一个好蛋

一些肉食性恐龙酷爱吃蛋：它们太喜欢吃了，甚至都不剥壳。不用说它们的第一选择肯定是其他大型恐龙或者鸵鸟（非常巨大）的蛋，但它们也可以接受小鸡或其他小鸟的蛋。但是不要煮熟这些蛋。不需要煎蛋或水煮蛋：恐龙喜欢“纯天然”（或者说最原始）的蛋。

喂养植食性恐龙

如果你住在周围有大量绿色植物的乡村或城郊，那么你饲养一头植食性恐龙就毫无问题了。另一方面，如果你居住在城市并且必须去超市为你的恐龙购买食物，那么我建议你还是养一头小型恐龙吧。

各种植物

尽管它们都是植食性的，但不是所有的植食性恐龙喜欢吃的植物都一样。一些恐龙喜欢吃草，尤其是草原上新鲜的青草，其他的则喜欢伸长脖子咀嚼树顶最美味的树叶。有的还喜欢果实，尤其是浆果和种子。一些则会吞食各种植物，包括树枝和树根，是不是有点像猪！

一些植食性恐龙更喜欢某些从恐龙首次出现以来就存在的植物。如果你想好好对待你的恐龙，那么就找一些蕨类、马尾象甲或南洋杉，它会饶有兴致地狼吞虎咽。

协助消化

植物有时会很难消化，尤其是当树叶和果实与树皮、树干、树枝和坚果混合在一起时。这一消化过程可以由胃石加以协助，胃石是恐龙吞进肚子协助消化的小石子。当肠胃开始消化时，小石子就会快速运动，磨碎恐龙吃下去的食物。

肉食补充

在特殊情况下，如果你的恐龙看起来有些疲惫，你觉得可能是饮食问题造成的，那么可以尝试给它一点肉类补充。但不需要太多，你的植食性恐龙没有可以咀嚼肉的尖牙，而且它的肠胃也不适合消化这种食物。你可以投喂小昆虫和甲壳动物，这些是你的小恐龙需要提神时的解决办法。

要小心选择你的植食性恐龙！体重达70吨的巨大腕龙需要吃掉数量惊人的植物才能填饱它巨大的胃。

训练恐龙

就跟小狗一样，幼龙也需要一位主人来教它如何与其他人和动物相处。

坚决而和蔼

当它一出生，就会像小鸡跟着母鸡一样跟着你跑来跑去。尽管跟不了多久它就会开始独立，发脾气，拒绝你叫它出去的命令，在街上乱跑，吃饭时很调皮……

保持冷静，记住下面的建议你就会一切顺利：

1. 永不言败！即便你的恐龙跟你玩各种花样（比如发牢骚或不屑地看你），永远不要让它左右你。

2. 不要大喊大叫！这是毫无意义的，只会惹怒你的邻居。你的声音需要冷静而坚决。

3. 保持温和。有时它可能需要一些拥抱以避免情况失控。但绝不要让你的恐龙认为是因为你厌倦了争吵才这么做的。

如果你没有合适的设备，你可以使用椅子、长凳、沙发……只要记住每一个障碍都需要与你的恐龙大小合适。

恐龙的敏捷性

为了与你的恐龙建立起一种友好信赖的关系，你或许会发现实施一些类似狗狗敏捷性训练会很有用。寻找一些栏杆、通道，为你的恐龙安排一场障碍赛；当遵从向哪里移动和做什么动作的命令后将会耗费它们部分体力。

如果可能的话，不要使用嘴套或皮带，因为它们会限制幼龙的自由活动。但是在镇上购物时可以使用这些。你也不想吓到路人吧。

看护恐龙

恐龙是非常皮实的一种动物。它们很少生病或受伤，但如果这种情况真的发生的话，由于它们会变得敏感易怒，所以照顾起来很不容易。当你正在照顾一只遭遇意外或得了重感冒的恐龙时，首先要做的是让它一直待在一个地方。虽然它可能不太舒服，但这样你会是安全的。

牙医和修甲师

由于恐龙的口中一般长满了牙齿，因此最好经常洗刷以防止细菌滋生。除了承担类似牙医的工作，你还得成为一名修甲师，打理好恐龙的爪子以确保它能正常行走。

急救护理

恐龙幼崽与其他年幼的动物一样，它们也喜欢到处乱跑、玩游戏、彼此打闹。恐龙的皮肤比较坚硬不太容易被刺穿，但这种情况仍然可能发生。如果你的恐龙弄伤了自己，最重要的事情就是不要污染伤口，防止感染。

清洁……但不要太频繁

刷洗你的恐龙的皮肤，仔细地清洁它的钉刺、鳞片和骨片，吹干羽毛（如果有的话），这些都是为了清除多余的污垢和细菌。

但注意不要太过火！太过频繁地清洁恐龙将磨损其盔甲，让它变得脆弱。

装备恐龙

要成功饲养一只恐龙并不容易。
即使不太大的品种也比我们通常饲养的宠物大得多。
这意味着带着你的恐龙出去走走或进行照顾的所有装备都要足够大。

专门运输装备

如果你只是去几英里远的地方，就不需要任何特殊的装备，因为恐龙也很喜欢散步。但如果是长途旅行，你就需要一些装备了。如果你的恐龙很小，一个简易的宠物携带箱就够了，比如携带宠物猫和狗的。或者，你的恐龙可以放在一辆大房车后方的大狗笼里。但如果是较大的种类，你显然就需要某些大型装备了，比如搬家车或马拉车。

自己动手做工具

为普通动物准备的装备一般不太适合恐龙。需要一些想象力来寻找你所需要的或者干脆自己动手建造一个。比如，如果你找不到一把特别大的刷子，可以尝试用一根大松枝来摩擦恐龙的牙齿以清除污垢。

骑乘恐龙

如果你的恐龙足够大，你就可以骑上它，让它背着你到处走。这也是彼此深入了解的好办法。但你还需要正确的装备，类似于马具，可以确保你自己和你的恐龙都不会受到伤害。记住，安全第一！

与恐龙有关的事

在让你和你的新朋友共度美好时光之前，对你们的相处我还有几条建议，包括一些活动可以让生活中无聊的工作更加轻松愉快。

骑上割草机

与植食性恐龙一起你立刻可以做两件事：骑上它去割草。植食性恐龙一点都不介意帮你修剪草坪，它会给你留下整洁漂亮的草坪。唯一的问题就是它需要一些时间。如果你觉得它走得太慢，可以催促它快跑甚至疾驰。

恐龙队员

你的恐龙伙伴将在团队比赛中对你产生很大帮助。想象一下如果在拔河比赛中你有一个巨大的暴龙幼崽做帮手，或者有一只差不多大的剑龙在皮纳塔（一种内装糖果的动物形状物件，可以用杆子将其打破取出其中的糖果）比赛获胜。不仅你的宠物恐龙会在你的朋友那边为你赢得满分，而且团队比赛可以让你的恐龙从头到脚全身心投入运动中。

各种各样的恐龙

对你来说有难度的事情应该就是陪恐龙玩耍了，尤其是那些大家伙。你可以让你的恐龙拔起一棵树，撞倒一堵要拆除的墙，搬运重物，给花园浇水，或甩动尾巴把道路上的雪铲除。

在蛋孵化以后，你会发现跟这些神奇的、充满活力的小恐龙在一起，会产生数不胜数的超级乐趣。

费得丽卡·马格林（Federica Magrin）

1978 年出生于瓦雷泽。费得丽卡已经在出版业中工作十多年了，开始她是艾迪兹奥尼·德·阿戈斯蒂尼出版社(Edizioni De Agostini)的一名编辑，现在则是自由职业者。她喜欢关注儿童图书，会撰写一些教育文本和故事，也会翻译小说。

安娜·朗（Anna Láng）

安娜·朗是一名来自匈牙利的平面设计师和插画家，目前在撒丁岛生活工作。她先在布达佩斯的匈牙利大学学习美术，2011 年毕业，成为一名平面设计师。毕业后，她在广告公司工作了三年，同时兼职于布达佩斯国家大剧院。2013 年她的“莎士比亚海报”系列获得了匈牙利平面设计艺术展的贝凯什乔巴城市奖。目前，她正在热情地为童书画插画。

图书在版编目（C I P）数据

大大的恐龙 /（意）费得丽卡 · 马格林著 ；（匈）安娜 · 朗绘 ；雷倩萍译. -- 北京 ：中国友谊出版公司，2023.1

（大大的神奇生物）

ISBN 978-7-5057-5533-8

Ⅰ. ①大… Ⅱ. ①费… ②安… ③雷… Ⅲ. ①恐龙－少儿读物 Ⅳ. ①Q915.864-49

中国版本图书馆CIP数据核字(2022)第120376号

著作权合同登记号 图字：01-2022-6102

书名 大大的恐龙

作者 [意]费得丽卡 · 马格林

绘者 [匈]安娜 · 朗

译者 雷倩萍

出版 中国友谊出版公司

发行 中国友谊出版公司

经销 新华书店

印刷 北京尚唐印刷包装有限公司

规格 950×1140毫米 12开

6印张 106千字

版次 2023年1月第1版

印次 2023年1月第1次印刷

书号 ISBN 978-7-5057-5533-8

定价 228.00元（全四册）

地址 北京市朝阳区西坝河南里17号楼

邮编 100028

电话 （010）64678009

出品人：许　永
出版统筹：海　云
责任编辑：许宗华
特邀编辑：李嘉木
装帧设计：李嘉木
印制总监：蒋　波
发行总监：田峰峥

发　　行：北京创美汇品图书有限公司
发行热线：010-59799930
投稿信箱：cmsdbj@163.com

官方微博　　微信公众号

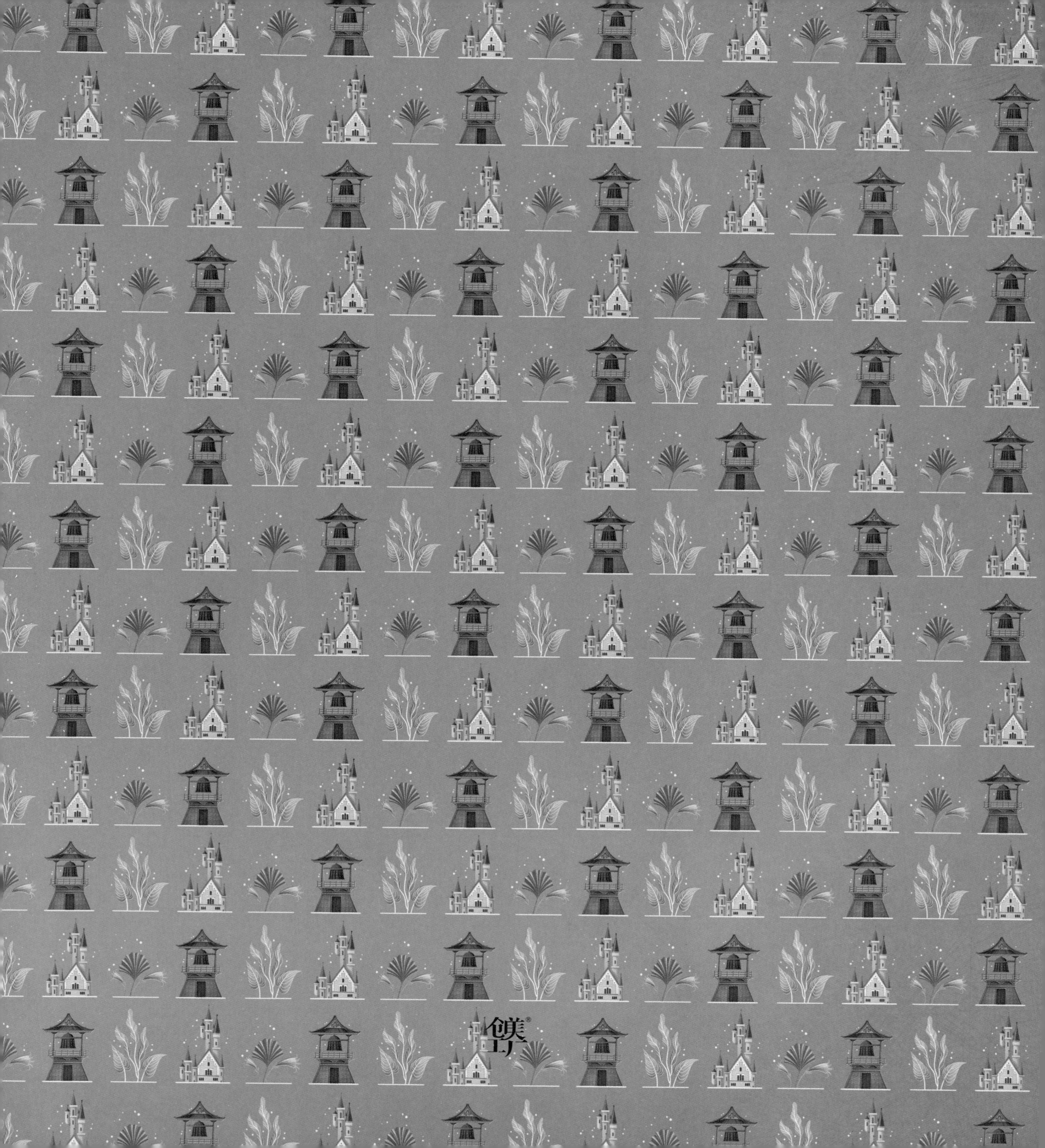

[意] 迪·奥尔西 著　[匈] 安娜·朗 绘　雷倩萍 译

中国友谊出版公司

目录

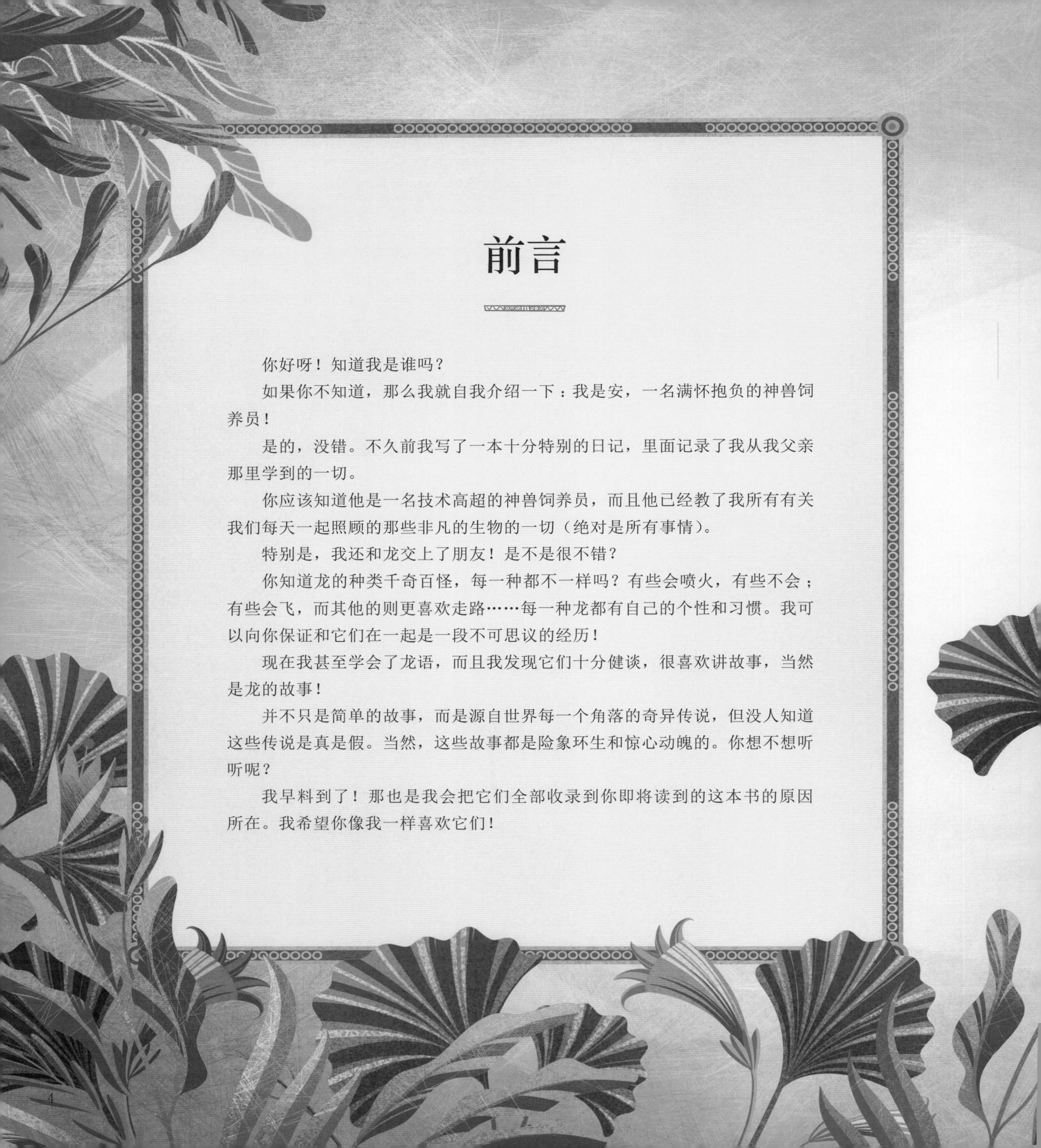

前言

你好呀！知道我是谁吗？

如果你不知道，那么我就自我介绍一下：我是安，一名满怀抱负的神兽饲养员！

是的，没错。不久前我写了一本十分特别的日记，里面记录了我从我父亲那里学到的一切。

你应该知道他是一名技术高超的神兽饲养员，而且他已经教了我所有有关我们每天一起照顾的那些非凡的生物的一切（绝对是所有事情）。

特别是，我还和龙交上了朋友！是不是很不错？

你知道龙的种类千奇百怪，每一种都不一样吗？有些会喷火，有些不会；有些会飞，而其他的则更喜欢走路……每一种龙都有自己的个性和习惯。我可以向你保证和它们在一起是一段不可思议的经历！

现在我甚至学会了龙语，而且我发现它们十分健谈，很喜欢讲故事，当然是龙的故事！

并不只是简单的故事，而是源自世界每一个角落的奇异传说，但没人知道这些传说是真是假。当然，这些故事都是险象环生和惊心动魄的。你想不想听听呢？

我早料到了！那也是我会把它们全部收录到你即将读到的这本书的原因所在。我希望你像我一样喜欢它们！

圣乔治（Saint Jordi）传说

西班牙

这个故事是一条来自加泰罗尼亚的龙告诉我的，它讲述了纪念这片土地上勇敢的守护神——圣乔治庆祝活动的起源。记住：有些龙是十分令人讨厌的！你接下来就会遇到……

很久很久以前，在一个西班牙的小镇上（我无法给出准确的地名，因为每次别人跟我说这个故事时都说的是不同的地点）生活着一条凶猛可怕的龙。它不会喷火，但它喜欢以吓人取乐，并且它呼出的臭气会污染空气！

这条龙还要求每天吃掉两个人，一个午餐吃，一个晚餐吃！虽然镇上的居民不愿看到有人死于恶龙之口，但他们别无选择，只能每天早上挑选两个可怜的人去送死（有点像在学校的考试！）。

每个人的名字都被写在一张羊皮纸上并投入一个篮子里，然后每天会从篮子里选出两个名字。一天早上公主的名字竟然被选了出来！

她的父亲，也就是国王试图反对，但公主阻止了父亲。她接受了自己的命运，她准备好与城堡诀别。（多么勇敢啊！）

不久后，当公主慢慢靠近恶龙，一名骑士抵达了小镇！

他穿着闪亮的盔甲，骑着一匹白马。（就像一位真正的白马王子！）他的名字叫圣乔治，而且他看起来十分坚决……

圣乔治走到恶龙的面前，毫不犹豫地用他的长矛刺穿了恶龙。恶龙倒在了地上，它再也不能伤害任何人了。

公主终于安全了！太好了！事实上，小镇上的每个人都安全了！镇上的人们最终从可怕的噩梦中解脱出来，都走出家门为他们的英雄庆祝。

同时，某些神奇的事情发生了：从龙血中长出一丛玫瑰。没有人见过如此艳丽的玫瑰还伴有如此芬芳的香味！圣乔治摘下了一朵并送给了公主。

从那天开始，每年都有许多相爱之人在守护神庆祝活动上交换玫瑰。这难道不是一个美丽的传统吗？

库卡（Cuca）传说

葡萄牙

接下来我将要给你们介绍库卡，一条葡萄牙的母龙。

她非常有名，有许多关于她的故事，但这是我的龙朋友最爱的一个（我发誓我的朋友不停地给我讲这个故事！）。

很久很久以前（早到我几乎都记不清），在葡萄牙生活着一条会恐吓村民的母龙。她凶猛可怕，每个人都很怕她，直到有一天一名后来成为圣人的英勇骑士决定挑战她，他的名字叫圣乔治（他以打败许多龙而著称！）。圣乔治英勇无畏，并成功打伤了库卡的耳朵，这样她就失去了所有力量。

直到今天，葡萄牙蒙高镇的居民还通过重现龙与骑士之间的战斗来庆祝那场胜利（都是身穿戏服演技高超的真人演员来表演的）！

如果在表演中库卡惊吓到了骑士的马，那么这一年的收成就不会太好。相反如果骑士把龙赶走了，那么这一年的收成就会很丰盛。

塔拉斯克（Tarasque）和圣玛莎（Saint Martha）传说

法国

这个故事发生在罗纳河岸边，主人公十分勇敢。为什么呢？就连我的龙朋友也承认它害怕面对她所面对的……

几百年前，在一个叫作奈鲁克的小镇上生活着一条巨龙。它的身体一半像鱼，长有跟熊一样的大爪子，蛇一样的尾巴，牙齿像剑一样锋利。（我跟你说，它真的太可怕了！）它藏在水下，攻击任何敢于靠近它的人。它甚至可以毫不犹豫地击沉船只！它的名字叫塔拉斯克，从来没有人试图去面对它（这并非是难以置信的！）。

然而，有一天有人想到找圣玛莎寻求帮助，她是一个善良而坚定的女人。每个人都期待着她可以找到一个安抚这头巨龙的办法。她接受了挑战并来到河边。

她找到了塔拉斯克，它正准备吞掉一个极度恐惧的男人！圣玛莎拿出她总是随身携带的小瓶圣水，并将它泼向恶龙。

塔拉斯克立即安静下来并放开了这个可怜的男人。（他发疯似的逃走了！）

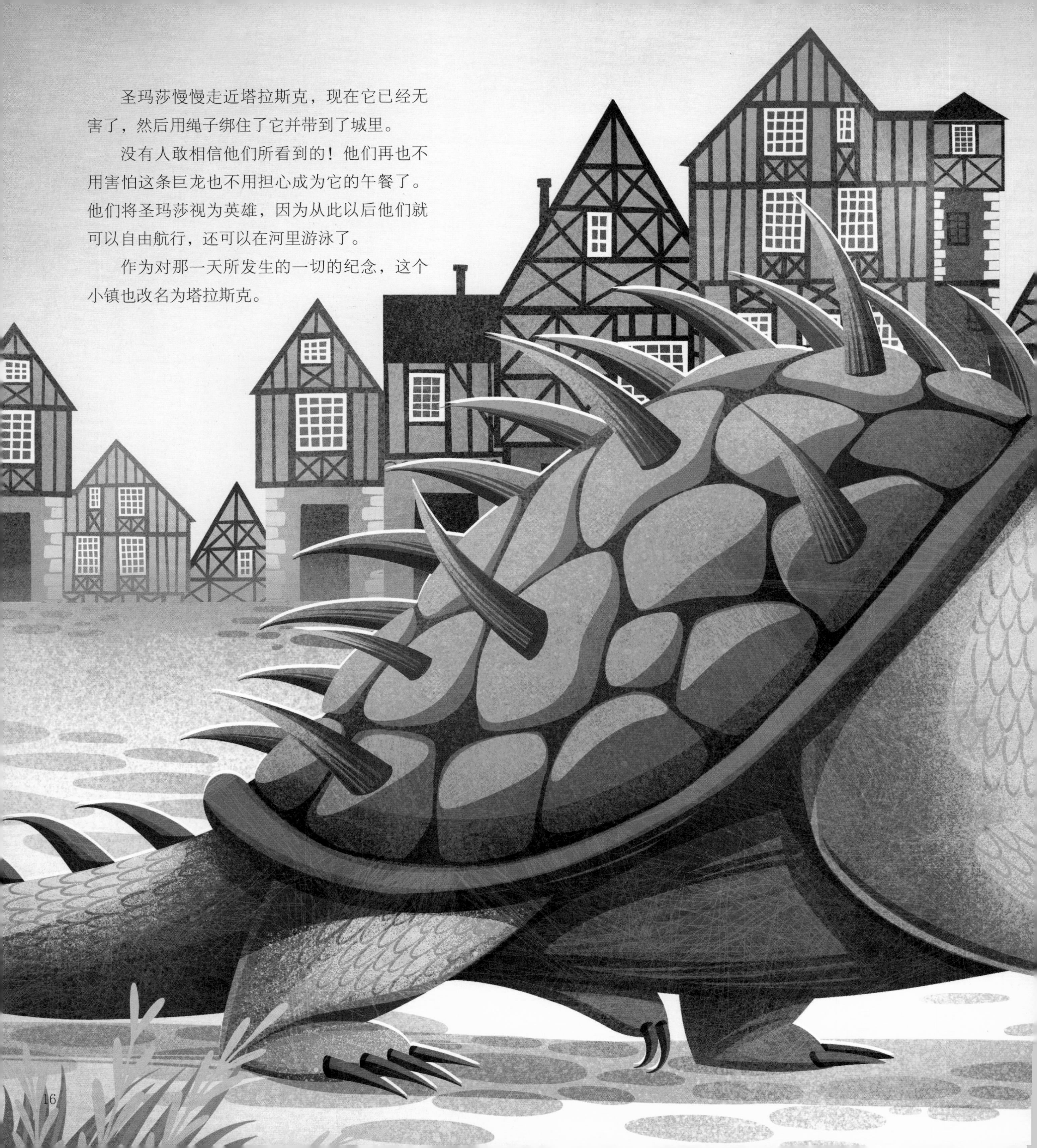

圣玛莎慢慢走近塔拉斯克，现在它已经无害了，然后用绳子绑住了它并带到了城里。

没有人敢相信他们所看到的！他们再也不用害怕这条巨龙也不用担心成为它的午餐了。他们将圣玛莎视为英雄，因为从此以后他们就可以自由航行，还可以在河里游泳了。

作为对那一天所发生的一切的纪念，这个小镇也改名为塔拉斯克。

红龙（Y Ddraig Goch）传说

威尔士

你知道威尔士国旗上有一条威武的红龙吗？是的，今天这个故事就会向你解释它的起源。

这个故事是一条威尔士龙跟我讲述的，它非常骄傲自己来自这个绿洲（它声称国旗展示了它的肖像，但我不确定是否属实）。

很久以前，不列颠国王沃蒂根下令在迪纳斯·埃米雷斯村建造了一座大城堡。

当工程结束时，可怕而无法解释的事情发生了：一天晚上，城堡坚固的城墙被一股无形的力量摧毁了。

国王非常担心，他让人重建了几次城墙，但每一次城墙都会崩塌，就像是沙子做的一样。

沃蒂根决定不放弃。他咨询了他的顾问，顾问建议他将一个孤儿供奉给那股神秘的力量，希望一切可以永远平静下来。

国王便立即开始搜寻孤儿，他最终召唤到一个男孩并和他谈了他的命运。据传，这个男孩就是著名的梅林（亚瑟王传说中那个法力强大的巫师），尽管没人能够确定。

这个男孩揭露出城墙坍塌的原因，震惊了众人。（他怎么会知道？我想他肯定是个巫师！）罪魁祸首是埋在城堡地基下面的一条白龙和一条红龙。每天晚上它们俩不停打斗，于是导致了城堡墙壁倒塌。

红龙叫威尔士红龙，代表了不列颠人，而白龙代表了撒克逊人。事实上，这两个族群相处得并不融洽（就像这两条龙一样！）。

沃蒂根没有牺牲那个男孩，而是决定信任他并放他走。接着他释放了两条龙，并让它们在地面上继续缠斗。

经过一场漫长的战斗，威尔士红龙获胜并永远消失了。国王最终完成了城墙的重建工程。

这个故事从此盛行开来。几年后，威尔士国王卡德瓦拉德·凯德沃伦命人将红龙的图案绘制在国旗之上！

圣朱力奥（Saint Giulio）和龙传说

意大利

这是我最熟悉的故事之一，来自意大利的一条龙跟我讲述了这个故事。这是有关一位穿着特制斗篷的勇士的故事……

几百年前，一对兄弟，朱力奥和朱力亚奥决定展开一段特别之旅。因为他们想出了一个计划，为此去征得国王的准许（国王也十分赞同他们）：在整个意大利传播他们的宗教信仰。但还不止这样！他们想在每一个到达的地方建造一座教堂（这是一项十分艰巨的任务！）。

他们的旅途十分漫长艰辛，意外频发。但是这对兄弟并没有放弃，并持续行至位于意大利北部森林处的奥尔塔湖岸。那里位于崇山峻岭之中，风景极好，朱力奥有了一个主意……

湖中心是一个小岛（就是我们称为童话故事发生的地方）。这对兄弟已经建造完了九十九座教堂，朱力奥相信这个岛就是建造第一百座教堂的完美地点！

朱力奥将自己的想法告知当地人，但所有人都警告他：那座岛上只有巨蛇，所有一切都被一条恶龙统治。渔民很害怕，都不愿意带他们俩去这个岛上。

然而，朱力奥非常勇敢并决定不放弃他的计划！

他开始不停地祈祷，直到他的斗篷突然变得僵硬，可以像船一样防水。

两兄弟跳到他的斗篷上并在湖上航行。他们不久就抵达了岛屿，当他们踏上陆地时，已经有一条龙在等着他们了！

它十分庞大，无所畏惧，而且非常生气：他们怎么敢踏上这座岛屿！

朱力奥并不害怕，并在当地人面前勇敢地与龙搏斗，大家在湖对岸目睹了这场战斗。最后龙被打败了，于是他们俩可以在岛上建造他们的第一百座教堂了。

从那天起，这座岛就被称为圣朱力奥！

西克弗里德（Siegfried）和法夫纳（Fafnir）传说

德国

有时龙会像狗一样看门。在这个故事里你将遇到的一条著名的龙就把这项任务完成得非常出色。你将发现为何它要保护一个巨大的闪亮宝藏……

法夫纳原来并非是一条龙；他本来是一位善良、温文尔雅的王子，赫雷特玛国王的儿子。尽管他身材矮小，但他比他的兄弟雷金、奥特都更加强壮，因此他被赋予了保护他父亲城堡的任务，城堡上贴满了黄金和宝石。

一天，力量之神洛基误杀了奥特，为了得到原谅，他给了国王一枚魔戒。法夫纳认为这枚戒指能让他战无不胜……他的兄弟雷金也这么认为！因此他们计划得到它，但法夫纳决定欺骗兄弟并将戒指据为己有（贪婪是一把双刃剑）。

魔戒将法夫纳变成了一条可怕的恶龙，对黄金、珠宝和其他一切财富极为贪婪，被愚蠢蒙蔽了双眼。他偷走了父亲所有的财宝，包括一顶被施了魔法的头盔，它具有恐吓和击退敌人的强大力量。

恶龙将财宝带到了灌木丛中的一个黑暗神秘的洞穴里藏了起来；它已经准备好不惜一切代价去保护财宝，无论如何都不能有人能够打败它！

一天，勇敢的骑士西克弗里德出现了，并对恶龙发起了挑战。

西克弗里德拥有一把坚硬的魔剑，可以劈开铁器！但为何他会想去打败法夫纳呢？首先这条龙是一个巨大的危险，其次它所保护的财宝，尤其是那枚魔戒吸引了勇士……

因此英勇无畏的西克弗里德挑战法夫纳并试图打败它，偷走魔戒，这会让他长生不老且异常强大。可惜，雷金也想得到这枚戒指，因为这正是他的兄弟从他眼皮底下偷走的，因此他试图杀掉西克弗里德。但西克弗里德打败并杀死了雷金，保住了那枚珍贵的戒指。

黑色风暴（Black Worm）传说

斯堪的纳维亚

这是一个有关一条拥有一大笔珍宝的龙的故事。这条龙十分贪婪，从不会与珍宝分离，但一天它遇到了比它更贪婪的某人。那是谁呢？且听我道来……

这条名叫黑色风暴的龙的财富是不可估量的。（而且非常闪耀！）

它无时无刻不在保护它的珍宝；晚上它会睡在上面，把珍宝包裹在它的身体里，但珍宝太大了以至于它不能完全覆盖住！

因为所有人都很害怕黑色风暴，所以它肯定没人胆敢偷取珍宝！但它错了。

一天晚上，一个男人发现黑色风暴熟睡了。他开始往他的口袋里装黄金，他甚至贪婪到喊了妻子来帮助自己。然而嘈杂声惊醒了龙，它开始大声咆哮！小偷赶紧逃走，把偷来的珍宝留在了路上。

黑色风暴不想再有任何人试图偷走它的珍宝，因此带着珍宝一起沉入地下。没有人再看到过它，也没有人再能找到那些珍宝。

我很想知道它们都去了哪里……

瓦维尔龙（Wawel Dragon）传说

波兰

在波兰有一条会喷火的铁龙。是谁呢？其实它只是一座雕像。这条会喷火的铁龙就是你即将读到的这个故事的主角……

在克拉库斯国王统治期间，克拉科夫的居民遇到了一个大问题。猜猜谁是元凶？它是一条住在一座大山洞穴里的恶龙。它的最大爱好就是毁坏庄稼并吃掉农作物。只有一个办法能让它不损坏田地并平息它的怒火，那就是每月为它提供一名女子。遗憾的是村民没有其他选择，而周围也没有多少女孩。很快最后只剩下国王的女儿——公主万达了！

克拉库斯国王拼命想办法救自己的女儿，想了一天一夜终于想出一个主意：他答应把女儿送给能打败恶龙的骑士！

许多骑士都尝试了，但没人能够杀死这条恶龙。这似乎是不可能完成的事，直到有一天，一个鞋匠想出了一个与众不同的计划。他用皮革、木头和羊毛做了一只假羊羔，然后在它身上覆盖了一层难闻的硫黄，并放在了洞口处。

你应该知道龙很喜欢硫黄的味道，因此这条恶龙立即跑出来并顷刻吞掉了羊羔！硫黄使它的喉咙变得很干（非常非常干燥！），因此它不得不去找河流喝水……而从那天开始，我们不知它如何以及为何就消失了（你知道为什么吗？）。

那么后来怎么样了呢？鞋匠成了英雄并和公主万达结婚了。

布尔诺（Brno）传说

捷克

这个故事的主角是一条鳄鱼，但既然大家都叫它“龙”，我决定就把它加进我的故事里……

在斯瓦拉特卡河边的布尔诺镇，住着一只凶猛的怪兽，它吞食动物并威胁来访的商人。很快就没有人想来这座城镇做生意了。国王的顾问绝望地为能杀死怪兽的人提供一份丰厚的奖赏。奖赏很诱人，但需要很大勇气去挑战，因此怪兽继续作恶多端。一天，肉店的男孩向大家宣布他想出了一个完美计划！

他在牛皮袋里装满了石灰（这是一种腐蚀性物质，而不是水果！），然后将封口封好并藏在草地中。

当这条“龙”闻到了牛皮的气味，便走近袋子并吞了下去（当然是连同石灰一起！）。

很快它就开始感到口渴难耐，并去河里喝水，掺入了石灰的水让它的肚子疼痛不已。

从那天开始这条“龙”就消失了，而伴随它的恐惧和死亡也永远离开了小镇!

萨坎尼（Sarkany）传说

匈牙利

这次我要带你去认识匈牙利的一个龙家族。它们是真正独一无二的神秘生物。我相信你会想知道更多关于它们的故事……

萨坎尼是一类多年来以不同方式被描述的龙。（我将要告诉你我最喜欢的版本！）

它们扮演了许多非常重要的角色：多亏了某些魔法，让它们将精神世界和现实世界连接起来！它们拥有不可思议的力量，比如释放龙卷风和风暴。但这还不是全部！

你应该听见过雷声。它就像这样："轰！"这是萨坎尼在战斗中发出的咆哮。（它们有些好斗！）当它们在激烈的战斗中用尾巴撞击云层时，就会引发强大的风暴，导致田地常常会被水淹没。另一个重要的细节是：萨坎尼常常被描述为七个头！

三头龙兹梅（Zmey）传说

俄罗斯

有时龙会非常混乱（甚至比我还乱！）。这个故事的主人公实际上就代表了宇宙的混沌……

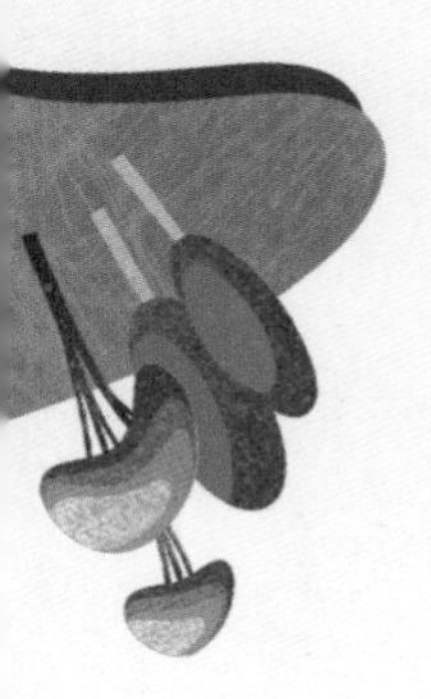

三头龙兹梅是一条强壮可怕的龙，它拥有多个用于袭击对手的头。遇到龙，并不是一个令人惊讶的消息，但如果是三头龙则十分严重：它将创造宇宙的混乱，混合和移动不同的部分，比如大地和天空。然后它会对活人和死人的世界做出同样的事情！

在某个时候，太阳的创造者斯瓦罗格也来了，他热爱秩序和光。斯瓦罗格厌倦了兹梅的傲慢，在战斗中与龙对峙，并击败了它。然后，他向兹梅求助：他们一起把光明世界和黑暗世界分开，给宇宙树立了新的秩序！斯瓦罗格继续统治着活人的世界，而兹梅继续统治着死者的世界。

布利陀罗（Vritra）传说

印度

这里要谈到的一些龙来自奇妙的印度。我最喜欢的是关于一条非常淘气的龙的故事。故事短小精悍却令人兴奋。下面让我来讲述……

当世界还没有诞生的时候，天空和大地被囚禁在布利陀罗，即宇宙之龙（有些人认为它是一条蛇，但我确信是一条龙！）的螺旋中。太阳和光那时还不存在，一切都笼罩在可怕的黑暗之中。布利陀罗十分强大，甚至将雨水和河水也作为它的俘虏。它会在山上监视它们，控制它们的自由。真的是非常自私傲慢！因此，风神因陀罗决定携带雷电对抗布利陀罗。布利陀罗一看见他靠近便攻击了他，但因陀罗却设法用强大的闪电击中了它，从而打败了它。

从那天起，天开始下雨，河水开始流动，一个充满阳光的奇妙富饶的世界诞生了。

四龙传说

中国

下面的故事不是关于一条龙的，而是关于四条龙的！它们都有善良有趣的宽广心胸。如果你迫不及待想要认识它们，那就继续往下读吧……

很久很久以前的中国，没有河流和湖泊，只有东海。在浩瀚的东海里生活着四条神奇的龙：长龙、黄龙、黑龙和珠龙。一天，四位好朋友决定一同飞上天空。

它们想做什么呢？玩捉迷藏！

当它们相互追逐玩得很开心时，它们注意到一些奇怪的事情：地面上的一些人带着礼物走出家门，比如装满水果的篮子和新鲜出炉的糕点。一些妇女则在焚烧散发着花香的香。

于是，这四条龙停止了玩耍来观看云端之下发生了什么。然而，它们什么也听不到，所以它们想都没想就朝那个方向飞了过去。

一看到龙来了，人们便躲藏了起来，但当他们看到这些龙并无敌意后，就走近它们，并告诉它们自己是在向玉皇大帝敬献礼物。玉皇大帝十分强大甚至可以对天空发号施令。这些人想从玉皇大帝那里得到什么呢？他们就想要一些雨水！人们的田地干涸了，什么都种不了！

四条龙非常善良慷慨，它们担忧人类的处境并飞到玉皇大帝那里请求帮助人们。

玉皇大帝答应帮忙，但他很自私并不愿意信守诺言。没有雨水的话，人们就没有足够的食物，只能被迫吃树皮和树根。

幸运的是，四条龙找到了解决办法：它们将海水从天空洒下，这些水最后就变成雨水落到田野中！最终土壤又变得肥沃了，但是……水神很生气，因为龙未经他的许可就取用了水，所以他来到了玉皇大帝那里讨说法。

四条龙最后被逮捕并囚禁在四座大山之中。然而，它们还是持续帮助着人们。但如何帮忙呢？它们将自己变成了中国最长的四条河流：长江、黄河、黑龙江和珠江。

伊莫吉（Imoogi）传说

朝鲜

正如你在之前的故事中读到的，并不是所有的龙都令人讨厌！这里有另一个来自朝鲜的龙的故事，它就拥有一些非常有趣的力量……

伊莫吉是一条拥有非凡能力的龙：它可以实现所有的愿望（有这么一个朋友不是坏事，对吗？），它还负责庄稼的丰收（即便是今天这也被认为是一大笔财富！）。如此神奇的力量是太阳神通过一个女孩赋予这条龙的（是的，没错！），她从出生时就注定要在她十七岁生日时成为伊莫吉。为什么呢？因为她的肩膀上有一个明显的龙形标记（这是某种魔法文身），正因此她被认为是被选中的人。

伊莫吉没有角、翅膀和胡子，但如果它想要变成一条真正的龙的话，就要长出这些。它只需要抓住一颗耶奥久（Yeouiju）就行了，这是一种来自天空的流星（或许这就是它能让你每一个愿望成真的原因所在！）。

清姬（Kiyohime）传说

日本

这则龙的故事是有关爱情的。在这个故事中，主角就不是那么幸运了。为什么呢？耐心一点你就会明白……

几百年前，日本的安贞和尚爱上了一位名叫清姬的美丽女子。然而不幸的是，他的感情没持续多久，他们分手了。清姬仍然沉浸在爱情中，一直跟着他想说服他回到自己的身边。

当安贞在河边看到她时，就立刻跳上了船，并命令船夫不惜一切代价阻止清姬上船。

清姬恼羞成怒跳进了河里，不顾汹涌的河水向她袭来而对安贞紧追不放。她想要让他为抛弃自己付出代价！她极为愤怒，游着游着就变成了一条巨龙！

看到这样的变化，安贞变得非常害怕（你能怪他吗？），所以他一抵达河对岸就跑到庙里寻求避难。他的僧侣朋友提出将他藏在神庙的大钟下面保护起来（这个钟很大很重）。不久，龙抵达了寺庙并环顾四周，大钟安然不动，但她还是发现安贞就躲在里面（不要问我她是怎么知道的！）。

龙用身体围绕着大钟并抓住了那个让她伤心欲绝的男人。清姬设法报了仇，但她再也无法变成人了。因此，她在余生中只能一直是龙了。

阿马鲁（Amaru）传说

秘鲁

这是一个来自南美洲的故事。准备好吧，因为这个故事会非常生动。主角是两条相处不太愉快的龙……

很久以前，秘鲁的豪哈峡谷里有一个巨大的湖泊，湖中心有一块巨石。一条长相狰狞的龙——阿马鲁就趴在上面（这绝对是个理想的午睡地点！）。

一天，彩虹之神图卢姆玛雅觉得阿马鲁肯定会感到孤独，于是就创造出了另一条龙与它为伴。这真的是大错特错了！只要两条龙看到彼此，它们就开始激烈地战斗（你可以认为这是一见钟恨！）。

最后，实在是厌倦了它们俩的争斗，蒂格塞神将它们两个一同送到了湖底！自此它们俩就再也没有出来，但它们巨大的身体却把水都喷了出来。

这便是我们今天能看到这么美丽的山谷的原因了。

迪·奥尔西（Tea Orsia）

迪·奥尔西是一名动画电视剧的编剧，也是儿童漫画、书籍和杂志的作者。她的日子充满了公主、仙女和非凡的人物，随时准备在电视上或书籍上开始新的、令人惊奇的冒险。她与家人和两只小狗住在意大利帕尔马，喜欢环游世界，寻找激发新故事的灵感。

安娜·朗（Anna Láng）

安娜·朗是一名来自匈牙利的平面设计师和插画家，目前在撒丁岛生活工作。她先在布达佩斯的匈牙利大学学习美术，2011 年毕业，成为一名平面设计师。毕业后，她在广告公司工作了三年，同时兼职于布达佩斯国家大剧院。2013 年她的“莎士比亚海报”系列获得了匈牙利平面设计艺术展的贝凯什乔巴城市奖。目前，她正在热情地为童书画插画。

图书在版编目（CIP）数据

大大的龙传说 /（意）迪·奥尔西著 ；（匈）安娜·朗绘 ；雷倩萍译. -- 北京 ：中国友谊出版公司，2023.1
（大大的神奇生物）
ISBN 978-7-5057-5533-8

Ⅰ. ①大… Ⅱ. ①迪… ②安… ③雷… Ⅲ. ①龙－少儿读物 Ⅳ. ①B933-49

中国版本图书馆CIP数据核字(2022)第120377号

著作权合同登记号 图字：01-2022-6102

Piazzale Luigi Cadorna, 6
20123 Milan, Italy
www.whitestar.it
本书中文简体版专有出版权经由中华版权代理有限公司授予北京创美时代国际文化传播有限公司。

书名　大大的龙传说
作者　[意]迪·奥尔西
绘者　[匈]安娜·朗
译者　雷倩萍
出版　中国友谊出版公司
发行　中国友谊出版公司
经销　新华书店
印刷　北京尚唐印刷包装有限公司
规格　950×1140毫米　12开
　　　6印张　106千字
版次　2023年1月第1版
印次　2023年1月第1次印刷
书号　ISBN 978-7-5057-5533-8
定价　228.00元（全四册）
地址　北京市朝阳区西坝河南里17号楼
邮编　100028
电话　（010）64678009

出 品 人：许　永
出版统筹：海　云
责任编辑：许宗华
特邀编辑：李嘉木
装帧设计：李嘉木
印制总监：蒋　波
发行总监：田峰峥

发　　行：北京创美汇品图书有限公司
发行热线：010-59799930
投稿信箱：cmsdbj@163.com

官方微博

微信公众号